CW01654903

MANGA DELLE SCIENZE
ASTRONOMIA

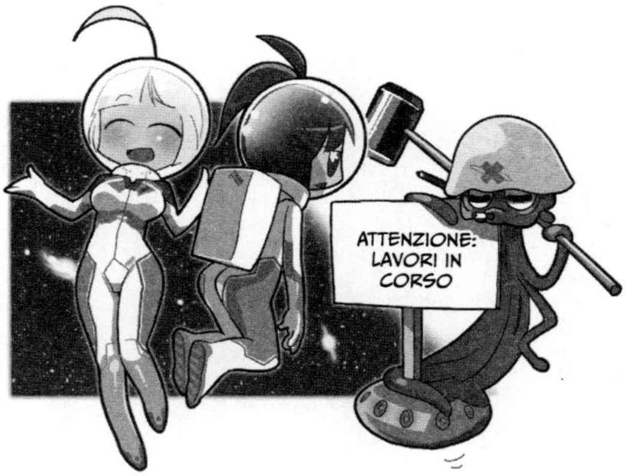
ATTENZIONE:
LAVORI IN
CORSO

I MANGA DELLE SCIENZE

ASTRONOMIA

KENJI ISHIKAWA
KIYOSHI KAWABATA
VERTE CORP.

Ohmsha
no starch press
la Repubblica Le Scienze

I MANGA DELLE SCIENZE
6 - ASTRONOMIA

ISBN: 978-88 8371-585-3

Publisher: William Pollock
Testi: Kenji Ishikawa
Supervisione: Kiyoshi Kawabata
Disegni: Yutaka Hiiragi
Produzione: Verte Corp.
Responsabile di produzione: Ansel Staton e Serena Yang
Redazione: Tyler Ortman
Revisione tecnica: Adam Blythe Smith e Kebra Ward

Edizione italiana in collaborazione con Comics&Science e C.N.R. - Consiglio Nazionale delle Ricerche
Comics&Science è una co-produzione Lucca Comics & Games / Symmaceo Communications
A cura di Roberto Natalini e Andrea Plazzi

Traduzione dall'inglese: Andrea Plazzi
Revisione scientifica: Amedeo Balbi (Univ. Roma Tor Vergata)
Lettering e impaginazione: Giorgio Carta e Alessio D'Uva
Cura editoriale: Mattia Di Bernardo
Ringraziamenti: Sara Pavan

Le Scienze S.p.A.
Via Cristoforo Colombo, 90
00147 Roma
www.lescienze.it

Stampato nel mese di ottobre 2016
Da: Puntoweb s.r.l. - Ariccia (RM)

SOMMARIO

2
DAL SISTEMA SOLARE ALLA VIA LATTEA 79

3
L'UNIVERSO È NATO DA UN BIG BANG 129

INTRODUZIONE

È stato un grande piacere assistere Kenji Ishikawa nella creazione di questo volume. Gli ero molto riconoscente per l'aiuto ricevuto mentre scrivevo il mio libro *Un viaggio di 14,6 miliardi di anni-luce*, e desideravo restituire il favore. Ho revisionato il manoscritto con tutta la cura e l'attenzione di cui sono stato capace, puntando alla maggiore precisione possibile, richiedendo interventi e correzioni senza curarmi di quanto questo potesse risultare fastidioso per l'autore o l'editore.

In Astronomia la ricerca procede molto velocemente, e persino i professionisti trovano difficoltà a tenere il passo con gli argomenti di punta nel loro stesso settore. Inoltre, l'Universo è, di per sé, un argomento che sfida la comprensione dei singoli. Da questo punto di vista, quando lessi il libro per la prima volta, mi stupì vedere come affrontasse argomenti sperimentali e teorici di rilievo, partendo dalle prime osservazioni del Sistema Solare per arrivare alla moderna Cosmologia. È stato un piacere anche constatare la presenza di spiegazioni chiare e precise dei fondamenti dell'Astrofisica e dell'Astronomia. Il volume, che risplende della sorprendente cura e dell'entusiasmo dell'autore per gli argomenti trattati e per i tanti enigmi dell'Universo, è in definitiva un manuale estremamente vivace, unico nel suo genere e assolutamente consigliabile.

Inoltre, la forza del manga come mezzo di comunicazione è enorme ed è evidentemente uno strumento molto più efficace di un semplice accumulo di parole. Dopo essermi interessato di Cosmologia per così tanti anni, se questo libro riuscirà a fornire un nuovo punto di vista, a generare interesse nei lettori o a incoraggiarli ad approfondire la conoscenza dell'Universo, e a una migliore comprensione dei suoi misteri, sarà per me un grande e inatteso piacere.

KIYOSHI KAWABATA

PREFAZIONE

Mentre lavoravo ai testi di questo volume, un cameraman con cui stavo collaborando per un progetto completamente diverso, mi disse all'improvviso "Qualche tempo fa mi sono ritrovato a fantasticare sull'Universo."

Non capivo perché fosse entrato in quell'argomento, semplicemente era spuntato fuori nel mezzo di una normalissima conversazione. Quando gli chiesi spiegazioni, mi rispose "Be', quando penso all'Universo e a quello che vi succede è come se usassi il cervello in un modo completamente diverso da quello richiesto, per esempio, dal mio solito lavoro, e lo trovo molto stimolante."

E certamente! Nel nostro mestiere, ci preoccupiamo sempre di dettagli abbastanza casuali, cercando di non commettere errori. La nostra mente si stanca e si stressa, proprio come i muscoli cominciano a fare male dopo un'attività ripetitiva e prolungata. E come possiamo rilassare i muscoli con esercizi fisici più leggeri, è sempre salutare staccare dalla propria attività principale pensando per un po' di tempo a qualcosa di diverso. Un argomento come "Che cosa sta succedendo nell'Universo, in questo momento?" in effetti è proprio quello che ci vuole.

Siccome anche a me piace pensare a queste cose, me ne sono uscito con alcune perle di saggezza che ho condiviso con l'operatore:

- "L'intero Universo si muove e lo spazio stesso si espande, quindi non c'è modo di localizzare un determinato punto per mezzo delle coordinate."
- "Ancora oggi, non sappiamo di quale natura sia la maggior parte della materia e dell'energia di cui è composta la galassia."
- "Oltre al nostro Universo, potrebbero essercene altri."

Certo, sono poco più che suggerimenti, indizi più che vere e proprie nozioni, ma il cameraman ne era incuriosito, così continuammo a rimpallarci idee per un po'. Fu una conversazione breve, ma ne ho dei carissimi ricordi.

Naturalmente, oggi sull'Universo l'umanità sa un sacco di cose. La Teoria del Big Bang, che ha svelato tanti segreti sull'origine della materia e dello stesso Universo, la scoperta di una sua struttura su larga scala e altre osservazioni hanno tracciato un quadro complessivo convincente.

Ma a mano a mano che le nostre conoscenze aumentano, sembrano aumentare anche i misteri. La storia dello studio dell'Universo assomiglia alla scalata di una montagna per vedere cosa c'è dall'altra parte, solo per scoprire un'altra montagna e poi un'altra e un'altra e...

Prendiamo per esempio la Luna. La questione dell'esistenza di acqua sulla Luna è stata discussa per molto tempo: se ci fosse acqua in quantità si potrebbe ricavarne ossigeno e anche acqua potabile. Diventerebbe possibile costruire una base sulla superficie lunare. Per l'umanità è una questione importantissima e per un sacco di tempo sono state dibattute le ipotesi più disparate. Le sostanze di cui è composta la Luna sono simili a quelle che troviamo sulla Terra e questo porterebbe a pensare che a un certo punto l'acqua ci sia stata. Ma la Luna non ha praticamente atmosfera ed è sostanzialmente desertica: questo è quello che resta dopo che anche l'ultima umidità residua scompare e viene dispersa nello spazio. Ma se sapessimo che ai poli ci sono dei crateri costantemente in ombra, allora aumenterebbe la probabilità della presenza di acqua sotto forma di ghiaccio. Al momento però la sonda spaziale giapponese Kaguya non ha confermato la presenza di ghiaccio al Polo Sud e per ora la conclusione obbligata è che anche se esistesse acqua nascosta nel sottosuolo, in forma liquida o solida, sarebbe in quantità estremamente piccole. Certo, se avessimo la possibilità di esplorare il sottosuolo lunare, quella "risposta" potrebbe cambiare nuovamente.

Con misteri come questo ancora aperti a proposito della Luna – il nostro vicino... più vicino! – allargando l'orizzonte al Sistema Solare, alla Galassia, ai gruppi di galassie e così via, veniamo letteralmente travolti da cose che non comprendiamo.

Gli esperimenti mentali che condurremo allo scopo di verificare ipotesi e congetture, sempre nel rispetto per gli sforzi di chi ci ha preceduto nella ricerca della verità, non saranno semplici esercizi accademici, ma potrebbero condurci a scoperte degne di un Nobel.

L'interesse per l'Universo e i suoi misteri da parte di Kanna, Gloria e Yamane, le tre liceali protagoniste di questo libro, all'inizio è superficiale; ma a mano a mano che le loro conoscenze aumentano, restano affascinate dall'argomento, finché – alla fine della nostra storia – le ragazze acquistano consapevolezza degli attuali limiti dell'Astronomia e dell'Astrofisica.

Per invogliare alla lettura, era mia intenzione evitare il più possibile discussioni eccessivamente complesse nel fumetto e nelle parti di testo, ed è anche per questo che ho limitato il ricorso a formule ed equazioni.

L'Universo ci circonda, è tutto intorno a noi e noi ne costituiamo una parte piccolissima: è naturale interrogarsi su quale posto occupi il nostro pianeta e sognare di esplorarne i recessi più reconditi.

"Mi sono ritrovato a fantasticare sull'Universo."

Come autore, sarebbe per me il piacere più grande se vi ritrovaste a pensarlo dopo avere letto questo libro.

KENJI ISHIKAWA

PROLOGO
UN RACCONTO CHE COMINCIA SULLA LUNA

LICEO KOUKI
OH, ROMEO, ROMEO!
演劇部 部員大募集!!*
* CIRCOLO TEATRALE - CERCASI SOCI
PERCHÉ SEI TU, ROMEO?
NON C'È NESSUN ROMEO!
NON ABBIAMO NESSUNO PER LA PARTE.
NON È RIMASTO MOLTO TEMPO PRIMA DEL FESTIVAL..
MANCANO SOLO 20 GIORNI!
CHE COSA FACCIAMO?

SARÀ MEGLIO CHE PENSIAMO A COME POSSIAMO FARE SOLO CON DUE ATTORI!
UN'OPERA INTERA CON SOLE DUE PERSONE?
YAMANE: MATRICOLA.
KANNA: MATRICOLA.
PASSIAMO A UNA COMMEDIA?
NO!
PUSH-UP IMBOTTITO
POP!
NON VOGLIO FARE UNA COMMEDIA! VOGLIO FARE UNA STORIA D'AMORE!
AMORE, UH?
E DI UN MUSICAL NEANCHE SE NE PARLA...
DOGS
PERCHÉ SIII! ABBAIANDO ALLA LUNA!!!

HO RIFIUTATO TUTTE LE OFFERTE DEI TEAM SPORTIVI PER DEDICARMI ESCLUSIVAMENTE AL PALCOSCENICO...
...MA A QUANTO PARE OGGI I RAGAZZI NON SONO INTERESSATI ALLE ATTIVITÀ CULTURALI.
È ASSOLUTAMENTE DEPRECABILE!
UH, FORSE UN TEAM SPORTIVO ERA PIÙ ADATTO PER TE.
COMUNQUE...
SE NON RIUSCIAMO A METTERE INSIEME UNA RAPPRESENTAZIONE PER IL FESTIVAL...
LA SCUOLA CHIUDERÀ IL CIRCOLO TEATRALE.
20 GIORNI!
E QUESTO COS'È?
STRASCICO

SALVE, MR ISHIZUKA!
SBUFF SBUFF
C'È UNA NUOVA STUDENTESSA CHE VUOLE ISCRIVERSI AL CIRCOLO TEATRALE.
DAVVERO?
PREGO, ACCOMODATI.
CIAO!
ぺこっ
WOW!
VI PRESENTO GLORIA! FA PARTE DI UNO SCAMBIO CULTURALE CON GLI STATI UNITI ED È APPENA ARRIVATA DALL'AEROPORTO!

COM'È ANDATO IL VOLO?
Oh
EHI! C'È DA LAVORARE, QUI!
ARGH!
NON CI POSSO CREDERE CHE SOLO TU TI SIA PRESENTATA!
QUESTO È TROPPO!
Oh...
SENSEI?
GLORIA VOLEVA UNIRSI AL CIRCOLO PERCHÉ LE INTERESSA LA CULTURA GIAPPONESE.
OKAY, MA IN TRE COSA POS-SIAMO RAPPRESEN-TARE?
CERTA GENTE HA TUTTE LE FORTUNE...
SA LEGGERE IL GIAPPONESE, VERO?
?
NON ABBIAMO NEPPURE DECISO CON COSA PARTECIPEREMO AL FESTIVAL MA NON VEDO COME...
*COSTUMI

TALENTO SPECIALE: ARTISTA DEL CAMBIO D'ABITO
CHE TE NE PARE?
OH, WOW! UN KIMONO!
CHE COSA CREDI DI FARE?
UH, BE'...
STANOTTE...
LA LUNA...
UH?
...VERRÀ OSCURATA DALLE MIE LACRIME!
UNA VERA APPASSIONATA DEL GIAPPONE, NON TROVATE?
SA IL FATTO SUO IN TEMA DI MANGA, ANIME E LETTERATURA CLASSICA.
MOLTI NIPPOFILI NON CONOSCONO LA STORIA DEL DEMONE AUREO.

KANICHI-SAN!
SONO LA TUA SERVA
NO! ALLA LARGA!
CALCIO DI KANICHI!
OUCH!
ASPETTA...
CHE MI DICI DI KAGUYA-HIME, DA *IL RACCONTO DI UN TAGLIABAMBÙ*?
UH?
NON È UNA STORIELLA TROPPO INFANTILE?
NIENTE PAURA, LA ADATTEREMO!
VEDIAMO...
...KAGUYA-HIME SARÀ UNA PRINCI-PESSA DA UN PAESE LONTANO!

VUOI DIRE CHE INTERPRETERÒ KAGUYA-HIME?
CHE NE PENSI, KANNA?
MMM...
OKAY!
SARÀ IL PARTY DI BENVENUTO PER GLORIA!
STRIZZZ
BENVENUTA AL CIRCOLO TEATRALE DEL LICEO KOUKI, GLORIA!
GRAZIE TANTISSIMO!
OKAY OKAY!
A QUANTO PARE, DURANTE LA MESSA IN SCENA DEL *DEMONE AUREO* È NATA UN'A-MICIZIA.
SI DICE CHE *IL RAC-CONTO DI UN TA-GLIABAMBÙ* SIA IL PIÙ ANTICO COMPONIMENTO GIAPPONESE.
PER GLORIA RECITARE IN QUESTO SPETTACOLO SARÀ UN'OTTIMA OCCASIO-NE PER STUDIARE LA CULTURA DEL PAESE.
RIPASSIAMO-LO INSIEME!
あっ さすが国語教師!
COME AVRETE CAPITO, MR ISHIZUKA È L'INSEGNANTE DI LETTERATURA GIAPPONESE!

LA STORIA DI KAGUYA-HIME

Tanto, tanto tempo fa, un anziano tagliabambù stava attraversando un boschetto, quando si imbatté in uno stelo di bambù. Lo tagliò e al suo interno trovò una fanciulla minuscola, così piccola che stava nel palmo della sua mano. Pensando che gli dei si fossero mossi a pietà sua e di sua moglie, una vecchia coppia senza figli, decise di portarla a casa in modo da crescerla come fosse propria.

Da quel giorno, ogni volta che il vecchio tagliava una canna di bambù vi trovava all'interno una moneta d'oro. A poco a poco, divenne alquanto ricco. La ragazza crebbe rapidamente, e nel giro di tre soli mesi diventò una figlia devota e amorevole.

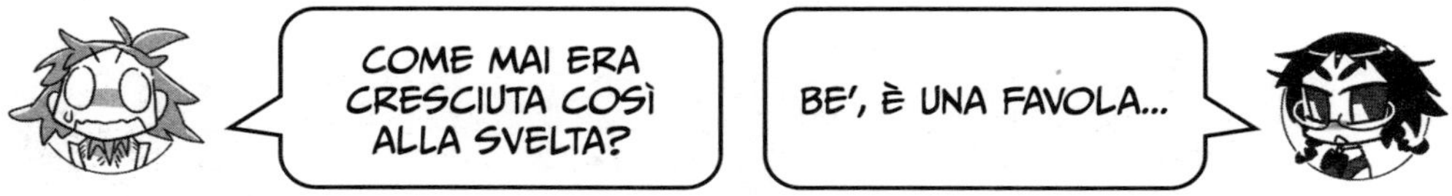

La ragazza, che si chiamava Kaguya-hime, era così incredibilmente bella che la fama di tanta bellezza giunse sino alla lontana capitale. Molti pretendenti si presentarono, ma lei non era interessata a nessuno.

Cinque di loro erano però talmente presi dalla sua bellezza da domandarla in sposa.

Come condizione per accettare la proposta, Kaguya-hime domandò a ciascuno di recuperare un tesoro impossibile da trovare. Naturalmente, nessuno ci riuscì.

AL PRINCIPE OTOMO FU RICHIESTO DI RECUPERARE LA COLLANA DEL DRAGO, MA EGLI SAPEVA CHE SE AVESSE AFFIDATO IL COMPITO AI SUOI SAMURAI, UNO DI LORO AVREBBE TRAFUGATO IL GIOIELLO. COSÌ, SI ACCINSE A PARTIRE DI PERSONA. LUNGO LA STRADA SI IMBATTÉ IN UNA SPAVENTOSA TEMPESTA. ECCO, QUESTO È IL TIPO DI AVVENTURA ALLA BASE DI UNA STORIA INTERESSANTE, MA ANDIAMO AVANTI...

Kaguya-hime aveva attirato l'attenzione anche dell'Imperatore, ma anche lui fu rifiutato. Col trascorrere degli anni, Kaguya-hime diventava sempre più meditabonda all'avvicinarsi della Luna piena d'autunno spesso scoppiava in lacrime. Il vecchio tagliabambù era molto preoccupato, ma quando le domandava che cosa non andasse, lei gli rispondeva: "Non sono di questo mondo! Provengo dalla Città sulla Luna e quando sarà piena dovrò farvi ritorno."

E QUANDO SAREBBE STATA PIENA, LA LUNA?

SECONDO L'ANTICO CALENDARIO, SAREBBE STATA LA QUINDICESIMA NOTTE DELL'OTTAVO MESE. OGGI CORRISPONDE ALLA LUNA PIENA CHE CADE DA QUALCHE PARTE IN SETTEMBRE... LA LUNA DEL RACCOLTO.

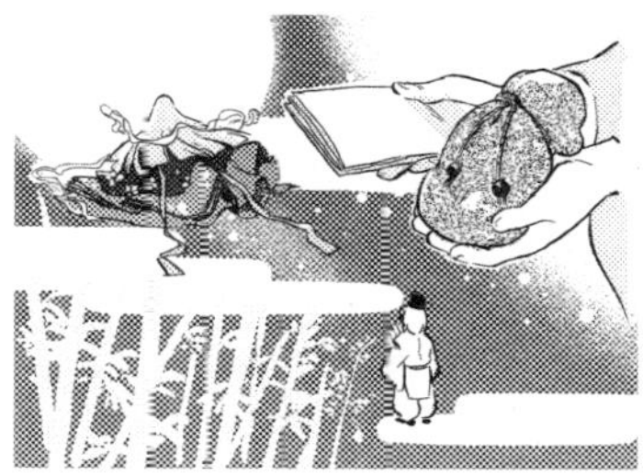

Saputo di questo, l'Imperatore cercò di catturare Kaguya-hime, per tenerla con sé prima che tornasse sulla Luna.

Circondò la sua casa di soldati, ma dalla Luna ne discesero altri in sua difesa.

Prima di lasciare la Terra per la Luna, Kaguya-hime consegnò al vecchio tagliabambù una lettera e un elisir d'Immortalità, affinché li consegnasse all'Imperatore. Poi gli emissari dalla Luna posero l'abito piumato dell'ancella celeste sulle sue spalle e tutti i suoi ricordi della Terra svanirono: attratta da una forza invisibile, fece ritorno sulla Luna.

L'Imperatore lesse la lettera, ma decise che, se non poteva rivederla, non desiderava vivere per sempre. Ordinò così ai suoi uomini di bruciare l'elisir in cima alla montagna più alta del paese, il punto più vicino alla Luna.

Da quel momento, quella montagna diventò il Monte Fuji, da fushi, la parola giapponese che significa "immortalità".

ORA CAPISCO DI COSA SI TRATTA VERAMENTE!
È UNA STORIA D'AMORE FANTASCIENTIFICA AMBIENTATA NELL'ANTICHITÀ!
IL GIAPPONE È UNO SBALLOOO!!!
MA QUANDO SI È CAMBIATA?
TANTA AMMIRAZIONE È DAVVERO IMBARAZZANTE.
BE', NON È MICA DIRETTA A TE.
MA IN EFFETTI KAGUYA-HIME È UN'ALIENA PROVENIENTE DALLA LUNA. QUINDI È FANTASCIENZA.
ANCHE IN ALTRI PAESI ASIATICI ESISTONO STORIE SIMILI...
...MA UNA IN CUI UN ESSERE DISCENDE DALLA LUNA È TIPICA DEL GIAPPONE.
NON VIENE ANCHE A VOI DA PENSARE ALLA FESTA DELL'OTSUKIMI, DEDICATA ALLA LUNA PIENA D'AUTUNNO?

NO-!!
EH EH EH
COSA DIAVOLO FANNO?!
LEGGERE TROPPI MANGA FA MALE!
COSA VUOL DIRE OTSUKIMI?
BOTTA DI YAMANE
È UNA FESTA IN CUI SI GUARDA LA LUNA MANGIANDO RAVIOLI.
NO, NO!
NON C'ENTRA NIENTE!
HAI TOLTO TUTTO IL ROMANTICISMO!
GRRRRRR
QUEL COSTUME MI FA VENIRE LA NAUSEA.
OGGI CHIUNQUE PUÒ VOLARE NELLO SPAZIO A BORDO DI UN RAZZO.
CHE FANTASCIENZA SAREBBE KAGUYA-HIME CHE ARRIVA DALLA LUNA?
LA PRIMA VOLTA CHE L'UOMO HA MESSO PIEDE SULLA LUNA È STATA NEL 1969! SI TRATTAVA DELL'EQUIPAGGIO DELL'APOLLO 11!
APOLLO 11
NEL 2007 IL GIAPPONE HA LANCIATO UN SATELLITE IN ORBITA INTORNO ALLA LUNA.
SI CHIAMA KAGUYA!

VISTO? AL GIORNO D'OGGI KAGUYA-HIME CHE ARRIVA DALLA LUNA NON INTERESSA PIÙ A NESSUNO.
BE', E SE ARRIVASSE DA UN LUOGO MOLTO PIÙ LONTANO?
SÌ!
È UN'OTTIMA IDEA!
SARÀ UNA STORIA D'AMORE NELLO SPAZIO PROFONDO!
DAVVERO PENSI CHE SIA UNA BUONA IDEA? IN EFFETTI, TANTO TEMPO FA VOLEVO FARE IL DRAMMATURGO...
AH AH AH
NIENTE PAURA, YAMANE PUÒ SCRIVERE UN TESTO ECCELLENTE!
NON VEDO L'ORA!
SOLLETICO
PIANTATELA!
SOLLETICO
HO CAPITO, HO CAPITO! SONO SOLO UN VECCHIO INSEGNANTE INVISIBILE... SIGH.

...
CHE SUCCEDE?
MI SONO APPENA RESA CONTO CHE NON SO MOLTO DELL'UNIVERSO...
NON SO GRANCHÉ DI NESSUN POSTO IN PARTICOLARE, A PARTE LA LUNA...
NESSUN PROBLEMA!
UH? NON PUOI INSEGNARMI TU... NEANCHE TU SAI NIENTE DI SCIENZA!
AH, AH, AH! QUESTA VOLTA PUOI FIDARTI DI ME!
SEI TROPPO INSICURA! DOV'È LA TUA AUTOSTIMA?
EH...
A-AH!
ESATTO!

COSA STATE CONFABULANDO? FATE CAPIRE ANCHE A ME!
NIENTE PAURA...
TE NE ACCORGERAI!
ANDIAMO!

IN VIAGGIO NELLO SPAZIO PROFONDO!
MA PRIMA FACCIO UN SALTO A CASA.
CI VEDIAMO DOPO DA ME.
PRESTO, PRESTO

MITI COSMICI

Come facevano gli antichi Giapponesi a sapere che la Luna era un corpo celeste come la Terra? Il racconto del tagliabambù è un'antica fiaba che in Giappone tutti conoscono. Ne *Il racconto di Genji*, scritto circa mille anni fa, si sostiene che la prima fiaba mai raccontata parlasse proprio di un tagliatore di bambù, ed è certamente sorprendente che si credesse che sulla Luna ci fosse una città abitata da persone.

Per molto tempo gli uomini hanno pensato che l'Universo fosse una piccola porzione di spazio avvolta attorno al mondo che loro abitavano. Nella mappe antiche compaiono corpi celesti come il Sole, la Luna e le stelle, rappresentate come entità di piccole dimensioni affisse alla superficie di un guscio che circondava la Terra. Ma in un Universo del genere la storia di Kaguya-hime non ha senso: chi inventò quella storia aveva una visione diversa dell'Universo, dove la Luna è semplicemente un mondo popolato diverso dal nostro. Diamo ora un'occhiata ad altre concezioni del mondo dell'antichità.

L'UNIVERSO NELL'ANTICA INDIA

In passato, in India si credeva all'esistenza di un'enorme tartaruga che, poggiandosi su un serpente arrotolato, reggesse una Terra a forma di semisfera. Il Sole appariva e scompariva nella sua rivoluzione intorno alla montagna più alta, che si ergeva al centro del mondo (il monte Sumeru, che probabilmente rappresentava l'Himalaya).

La Luna era la lampada del custode della montagna, era composta di cera e aumentava e diminuiva a seconda della direzione in cui si volgeva il custode.

L'Universo nell'Antica India.

L'UNIVERSO NELL'ANTICO EGITTO

Nell'Antico Egitto, si credeva che Nut, la dea del cielo, fosse sorretta da Shu, il dio dell'aria. Nut era un simbolo del fiume Nilo e il giorno e la notte si alternavano quando il Dio del Sole risaliva e discendeva il fiume ogni giorno. La Luna e le stelle erano appese al corpo di Nut.

L'Universo nell'Antico Egitto.

L'UNIVERSO NELL'ANTICA BABILONIA

Secondo i Babilonesi la Luna e le stelle erano affisse a un'enorme volta sorretta dal Monte Ararat, col Sole che l'attraversava spostandosi da Est verso Ovest.

L'Universo nell'Antica Babilonia.

IN CINA, DOVE ANTICAMENTE NACQUE L'ASTRONOMIA

Diversamente da questi universi di fantasia, in Cina e nell'Antica Grecia cercarono di sviluppare modelli scientifici dell'Universo. Fu infatti la Cina a tenere a battesimo l'Astronomia.

Tra 2000 e 2400 anni fa, sulla base delle osservazioni celesti, in Cina si svilupparono diverse teorie cosmologiche.

Due di queste erano chiamate Gai Tian e Hun Tian.

Gai Tian comprendeva un cielo emisferico, come una specie di cupola di vetro, sovrastante una Terra anch'essa a forma di semisfera e circondata dalle acque (l'Oceano). Il Mondo ruotava una volta al giorno da Est verso Ovest attorno al Polo Nord e il Sole tracciava un cerchio nel cielo, la cui dimensione variava con le stagioni.

Hun Tian, che significa il cielo intero, sviluppò la cosmologia Gai Tian per cercare di descrivere i movimenti dei corpi celesti con maggior precisione. La sfera celeste non si limitava a coprire tutto il mondo come una cupola, ma l'avvolgeva come un guscio d'uovo; i cambiament nelle costellazioni a seconda delle stagioni erano spiegati dal fatto che il Polo Nord si spostava e non restava fisso sulla verticale.

Gai Tian: una calotta semisferica che ricopre la Terra.

Hun Tian.
una cosmologia sferica.

ANTICA GRECIA: CALCOLIAMO LA DIMENSIONE DELLA TERRA

Gli Antichi Greci cercarono di spiegare la forma dell'Universo per mezzo del pensiero logico che ancora oggi permea la Matematica e la Fisica moderne. Uno dei loro più grandi successi fu la scoperta che la Terra è un corpo sferico che galleggia nello spazio. Furono anche i primi a calcolarne le dimensioni. Eratostene (circa 276 a.C. – 195 a.C.) era un sapiente greco attivo in Egitto durante il periodo ellenistico e riuscì a calcolare le dimensioni della Terra col seguente metodo.

IL METODO DI ERATOSTENE

Eratostene si era imbattuto in un resoconto in cui si diceva che un'asta mantenuta verticale a Siene (una città nell'Egitto meridionale; oggi Assuan) durante il Solstizio d'Estate non gettava alcuna ombra. In effetti, il fenomeno si verifica solo a sud del Tropico del Cancro, dove il Sole appare allo Zenit (sulla verticale).

Lo stupefatto Eratostene si domandò cosa sarebbe accaduto ad Alessandria, nel Nord dell'Egitto, e immediatamente eseguì l'esperimento nelle medesime condizioni. Il risultato fu che l'asta gettava un'ombra ed Eratostene ne concluse che la Terra è una sfera, una teoria che all'epoca suscitò diverse discussioni.

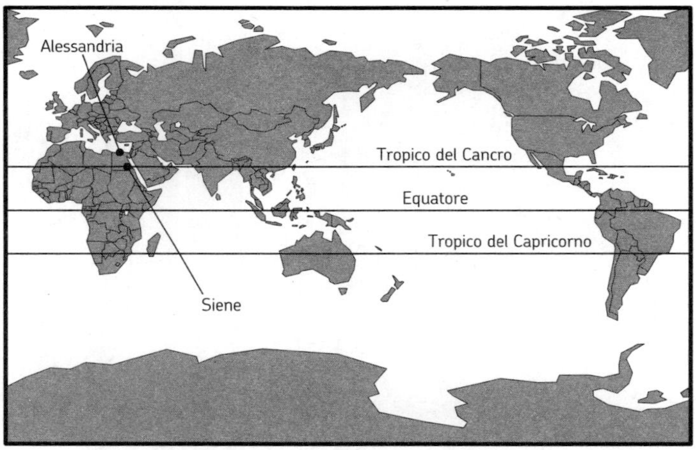

I Tropici e l'Equatore.

Eratostene mise a frutto le sue osservazioni anche nella misurazione del diametro della Terra. Per prima cosa misurò la lunghezza dell'ombra dell'asta e trovò che ad Alessandria, lo stesso giorno e alla stessa ora del resoconto di Siene, i raggi del Sole provenivano da una direzione che formava un angolo di 7,2 gradi con la verticale dell'asta.

Poi inviò un uomo in marcia tra Alessandria e Siene, e dalla sua falcata stabilì che la distanza era di 5.000 stadi, che equivalgono a circa 925 chilometri.

Poi calcolò la circonferenza terrestre con la formula seguente:

$$925 \text{ km} \times \frac{360°}{7{,}2°} = 46{,}250 \text{ km}$$

Oggi sappiamo che la circonferenza terrestre misura 40.000 km: i calcoli di Eratostene erano notevolmente precisi.

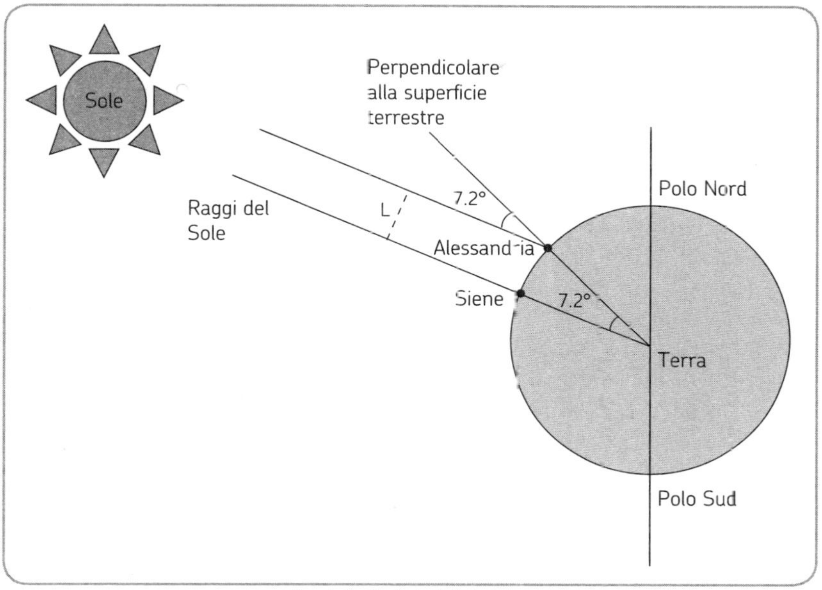

Il metodo di calcolo di Eratostene.

In un'altra versione della storia, Eratostene ebbe l'idea scorgendo i raggi del Sole riflessi in fondo a un pozzo. In ogni caso, è generalmente riconosciuto a lui il merito di avere calcolato la circonferenza della Terra.

SE LA TERRA È ROTONDA DEVE ESSERLO ANCHE LA LUNA

È ragionevole pensare che i saggi dell'epoca di Eratostene non siano stati i primi a giungere alla conclusione che la Terra fosse rotonda. Certi fenomeni, come il fatto che non possiamo vedere oltre l'orizzonte, o che l'albero di una nave appare sempre per primo, erano ben noti ai popoli che vivevano in prossimità del mare e naturalmente erano incompatibili con una superficie piatta.

L'Antica Grecia era una nazione di mare delimitata dal Mar Egeo e dallo Ionio, nel Mar Mediterraneo. Forse anche per questo molti uomini di mare devono avere intuito che il mondo è rotondo.

D'altra parte, basta essere dotati di una buona vista per accorgersi che la luce, colpendo la Luna, evidenzia chiaramente come la superficie sia sferica e non piatta. Per esempio, se analizziamo un ingrandimento fotografico, sono ben visibili delle variazioni sul bordo esterno e sul profilo di volta in volta crescente e calante, variazioni che non si spiegherebbero se la Luna fosse piatta.

La Terra rotonda.

Torniamo ora alla storia di Kaguya-hime.

Il Giappone è un paese insulare e questo significa che anche nell'Antichità probabilmente dei Giapponesi si erano resi conto dell'esistenza di un orizzonte curvo, concludendone che la Terra fosse rotonda.

Per esempio, quando dei missionari europei giunsero in Giappone nel XVI Secolo, cercarono di trasmettere la loro cultura scientifica ai signori feudali del luogo e uno degli oggetti che utilizzarono a prova delle loro conoscenze fu un globo. Contrariamente a quanto si aspettavano, però, i giapponesi non mostrarono una particolare sorpresa all'udire che mondo potesse essere una sfera.

Sin dall'antichità i giapponesi hanno amato la Luna.

Anche il folklore e la tradizione attestano come il popolo giapponese abbia sempre guardato la Luna con affetto, come nella storia del Coniglio Lunare. E anche se le varie feste dell'Otsukimi (letteralmente: "guardare la Luna") sembrano essere nate in Cina, apparentemente l'abitudine di omaggiare la Luna in Giappone risale almeno al periodo Jomon (tra il 14.000 e il 400 a.C.).

Probabilmente fu allora che ci si rese conto che la Luna era una sfera.

Se la Terra – come la Luna – è rotonda e galleggia nello spazio, allora la conclusione che su entrambi i corpi celesti possano abitare delle persone è del tutto naturale e non c'è da sorprendersi nel ritrovarla nella storia di Kaguya-hime.

1

LA TERRA È IL CENTRO DELL'UNIVERSO?

NEL CIELO APPARVE UNA LUCE MISTERIOSA
UN UFO?
DOV'È CHE CORRI, KANNA?
PIT PAT PIT PAT PIT PAT
SBONK!
OUCH!!!
KANNA! TUTTO BENE?

18:15
SONO GIÀ LE 18:15...
KANNA È IN RITARDO!
MI CHIEDO DOVE SIA!
CI PUÒ STARE CHE SIA RIMASTA BLOCCATA DA QUALCHE PARTE...
MA POTEVA CHIAMARE E FARCELO SAPERE. SEMPLICE BUONA EDUCAZIONE!
NON TROVI...?!
YAMANE METTE I BRIVIDI...
SPERO SOLO CHE STIA BENE!
TI SEI POI SISTEMATA DALLA FAMIGLIA DI KANNA, GLORIA?
SÌ!
PORTA I BAGAGLI CON UN RISCIÒ?!
SONO DAVVERO FORTUNATA A POTER SVOLGERE LE MIE RICERCHE IN UNA TIPICA CASA GIAPPONESE. L'HO SOGNATO PER COSÌ TANTO TEMPO!
IN ESTASI
CHISSÀ DOVE PENSA DI ESSERE FINITA...
PENSA CHE LA CASA DI KANNA SIA UN POSTO TIPICO? CERTO, COME NO...

...
A PROPOSITO, DI COSA STAVATE PARLANDO PRIMA?
NIENTE PAURA... T
NE ACCOR
GERAI!
BE', PROBABILMENTE UNA NIPPOFILA COME GLORIA L'APPREZZERÀ, MA...
AGITATA
GIRO DI QUA GIRO DI LÀ
LO SCOPRIRAI QUANDO ARRIVEREMO A CASA SUA.
OH, ECCOLA LÀ!
EHI!
KANNA! HAI IDEA DI CHE ORE SONO?
URRÀ!
MI AVETE ASPETTATA!

MA COSA DIAVOLO...?!
ORA CHE SAPPIAMO PERCHÉ SEI IN RITARDO...
...NON DOVEVAMO ESSERE COSÌ SEVERI CON TE!
KANNA! OH, MIO DIO!
COSA...
COSA È SUCCESSO?
INCONTRI RAVVICINATI
UN UFO MI HA DISTRATTA E HO SBATTUTO CONTRO UN PALO...
MMM... UN UFO?
GIURO CHE NE HO VISTO UNO!
POCO FA, PRIMA CHE FACESSE BUIO...
...ERA BASSO NEL CIELO, VERSO OVEST, POI È SPARITO!
COMUNQUE...
UFO STA PER UNIDENTIFIED FLYING OBJECT... OGGETTO VOLANTE NON IDENTIFICATO.
SICURA CHE NON FOSSE LA LUNA?
SCOCCIATISSIMA!
SCORDATELO! LA LUNA È A EST!

CHE BELLA SERATA...
GIÀ... NON TROVATE?
UGH!!!
NON C'È TEMPO PER STARE A GUARDARE LE STELLE!
DOBBIAMO ANDARE A CASA TUA!
OH, È VERO.
ASPETTA-TEMI...

* GEKKOJI: TEMPIO DELLA LUCE

È... UN ALIENO!!
GLI UFO SONO VENUTI PER RAPIRMI!
NON È POSSIBILE!
VIA-VIA-VIA, STAI INDIETRO, STAI INDIETRO!
EHI...
...CHE COSA...?!

CHI SAREBBE L'ALIENO?
KANTA!
NON DEVI SPAVENTARCI COSÌ!
BE', ERAVATE IN RITARDO E VI HO ASPETTATE!
E IN OGNI CASO, KANNA...
...COSA DICEVI DI QUELL'UFO?
NE HO VISTO UNO...
...CON I MIEI OCCHI.
HAI QUALCHE PROVA?
PROVA, PROVA! NON SAI DIRE ALTRO... CHE ANTIPATICO!
BE', LE PROVE SONO FONDAMENTALI PER LE ANALISI SCIENTIFICHE.

GRRR...
UH-OH...
SEI IL FRATELLO MINORE DI KANNA?
SIGH
EH EH EH EH
SONO IL FRATELLO MAGGIORE. SONO SOLO BASSO.
AH, AH, AH!
OH, SCUSA!
SÌ, VA GIÀ ALL'UNIVERSITÀ!
KANTA SI STA PER LAUREARE IN ASTRONOMIA.
CHIUDI IL BECCO!
CHIUDILO TU!
AH, BENE!
QUINDI SARÀ KANTA A SPIEGARCI L'UNIVERSO, GIUSTO?
はぁ
はぁ
CERTO! VI AIUTERÒ PIÙ CHE POSSO.

MA DOVE SONO LE STORIE D'AMORE QUANDO STUDI ASTRONOMIA?
NON C'È TEMPO, PERCHÉ STUDIO SEMPRE!
あーヤダヤダ
BAM!
POW!
IN UN CERTO SENSO, SONO GRANDI AMICI...
NELLA CULTURA GIAPPONESE I RAPPORTI TRA FRATELLI SONO COMPLICATI...
DOMANI ANDREMO A PARLARE CON UNO DEI MIEI PROFESSORI!
BENE! ESATTAMENTE QUELLO CHE VOLEVO!
TUTTO BENE, VOI DUE?!
UH... SÌ.

DAVVERO IL SOLE GIRA INTORNO ALLA TERRA?

A: PIÙ O MENO ALLE 17.30 DI IERI È STATA AVVISTATA UNA LUCE, BASSA SULL'ORIZZONTE, IN DIREZIONE OVEST.
L'AFFERMAZIONE A È UN'OSSERVAZIONE, MENTRE QUELLA B È UN'INFERENZA CHE NE È STATA RICAVATA.
B: QUELLA LUCE ERA UN UFO PILOTATO DA ALIENI.
E POTREBBE ESSERE SIA CORRETTA CHE SCORRETTA.
CERCHIAMO ALLORA DI VERIFICARLA!
È DAVVERO GENTILE AD AIUTARCI.
PER COMINCIARE, MISS KANNA...
SAPREBBE SPIEGARCI CON UN SEMPLICE DISEGNO COME SONO DISPOSTI IL SOLE, LA TERRA E LA LUNA?
CERTO!

PIÙ O MENO COSÌ!
SOLE
TERRA
LUNA
SORRISETTO
BE', KANNA, SAPEVO CHE ERI SCARSA IN SCIENZE MA...
KANNA! SANTO CIELO!!!
CHE SCEMA...
QUESTO È TROPPO!
EHI, DATECI UN TAGLIO!
LO SO CHE NON È COSÌ CHE VIENE INSEGNATO...
E SO DI NON ESSERE IN GRADO DI VERIFICARLO...
MA IO CREDO SOLO A QUELLO CHE VEDO CON I MIEI OCCHI.
TERRA
LUNA

DICI COSÌ SOLO PERCHÉ NON NE SAI ABBASTANZA PER DIMOSTRARLO.
GIUSTO, PROFESSORE?
SWISSS
BE'...
IN EFFETTI, LA PENSO PIÙ O MENO ALLO STESSO MODO.
QUELLO CHE SEMBRA È CHE LA LUNA E IL SOLE GIRINO INTORNO ALLA TERRA.
MA È RID...
UH?!
WOW!
COME FA UN ASTRONOMO A DIRE UNA COSA DEL GENERE!
NON CI POSSO FARE NIENTE SE LA PENSO COSÌ
E IO STO SEGUENDO I SUOI SEMINARI... NON CI POSSO CREDERE!
PROFESSOR SANUKI...
PROFESSOR SANUKI... CREDO CHE LEI STIA SEMPLIFICANDO LA QUESTIONE...
BAM
POW

* CIOÈ UN MODELLO DEL SISTEMA PLANETARIO CHE VEDE AL CENTRO LA TERRA, COME NEL DISEGNO DI KANNA.

* IN UN MODELLO *ELIOCENTRICO* DEL SISTEMA PLANETARIO, IL SOLE SI TROVA AL CENTRO.

UN MODELLO ELIOCENTRICO ERA STATO PROPOSTO 2300 ANNI FA

PIÙ O MENO COSÌ.
OH!
SE CONOSCESSIMO QUEST'ANGOLO POTREM-MO CALCOLARE I RAP-PORTI TRA LE DISTANZE DEL SOLE E DELLA LUNA DALLA TERRA.
BRAVA!
GLORIA... SEI FANTASTICA!
CHE COSA STA SUCCE-DENDO?
GRAZIE! NON ME LA CAVO MALE IN MATEMATICA.
ARISTARCO EBBE LA STESSA IDEA E STABILÌ CHE L'ANGOLO ERA DI 87 GRADI.
IN REALTÀ MISURA 89,85, MA FECE DAVVERO IL MEGLIO CHE ERA POSSIBILE CON LA TECNOLOGIA DELL'EPOCA.
87°
(89.85)

MA IN CHE MODO LE POSIZIONI DELLA LUNA E DEL SOLE SONO COLLEGATE...
...A UN MODELLO GEOCENTRICO O ELIOCENTRICO?
FACCIAMO UN PASSO ALLA VOLTA...
QUAL È LA DIFFERENZA TRA LE DIMENSIONI APPARENTI DEL SOLE E DELLA LUNA?
SEMBRANO PIÙ O MENO UGUALI.
ENTRAMBI LI PUOI COPRIRE CON UN DITO, ALL'INCIRCA...
ESATTO. DAL NOSTRO PUNTO DI VISTA HANNO CIRCA LE STESSE DIMENSIONI.
PARTENDO DA QUESTO DATO DI FATTO, RENDIAMO UN PO' PIÙ PRECISO IL NOSTRO MODELLO.
VUOL DIRE CHE ADESSO RIPORTIAMO TUTTO CON UN GONIOMETRO?
SÌ, ESATTO.

VEDIAMO, QUESTA È LA TERRA...
TERRA
SQUEEEKKK
LUNA
E QUA C'È LA LUNA.
SICCOME IL SOLE FORMA CON LA TERRA UNA DIREZIONE PERPENDICOLARE A QUELLA TRA LA TERRA E LA LUNA, E L'ANGOLO CHE INSISTE SUL SOLE È DI 87 GRADI...
SQUEEEKKK
UH?!
ACC... NON C'È ABBASTANZA CARTA.
SQUEEEK
YAMANE! ALTRA CARTA!
BASTERANNO DUE FOGLI?
LE LINEE SONO ANCORA PRATICAMENTE PARALLELE!
TERRA
LUNA
COSA STA SUCCEDENDO?
AH

NIENTE INTRALCERÀ IL MIO CAMMINO!
TRACCERÒ LA LINEA CHE CONDUCE AL SOLE ALLA VELOCITÀ DELLA LUCE!
CHIUDI IL BECCO!
PIANTALA!
WOOOSH!
BUMP BUMP BUMP CRASH!
A RAPPORTO, SIGNORE!
LUNGO LA STRADA MI SONO IMBATTUTA IN UNA SCALA, E NON SONO RIUSCITA A RAGGIUNGERE IL SOLE. MISSIONE ABORTITA, SIGNORE.
ORA È MEGLIO CHE CANCELLI TUTTE QUELLE TRACCE DI PENNARELLO CHE HAI LASCIATO IN GIRO.
HAI FATTO QUELLO CHE POTEVI...
MA INVECE DI TRACCIARE UN DIAGRAMMA ENORME, PER OTTENERE I RAPPORTI TRA LE LUNGHEZZE DEI LATI DEL TRIANGOLO PUOI USARE LE FUNZIONI TRIGONOMETRICHE.
COSA?
HAI SBATTUTO LA TESTA?

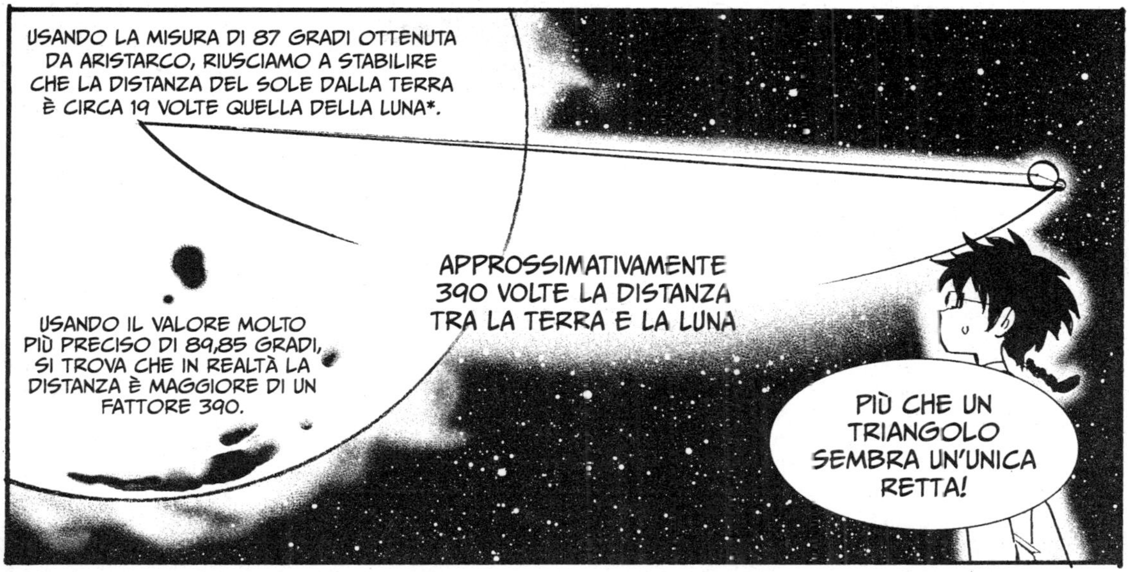

*LA FUNZIONE TANGENTE ESPRIME IL RAPPORTO TRA I CATETI DI UN TRIANGOLO RETTANGOLO: TAN(87°)=19.

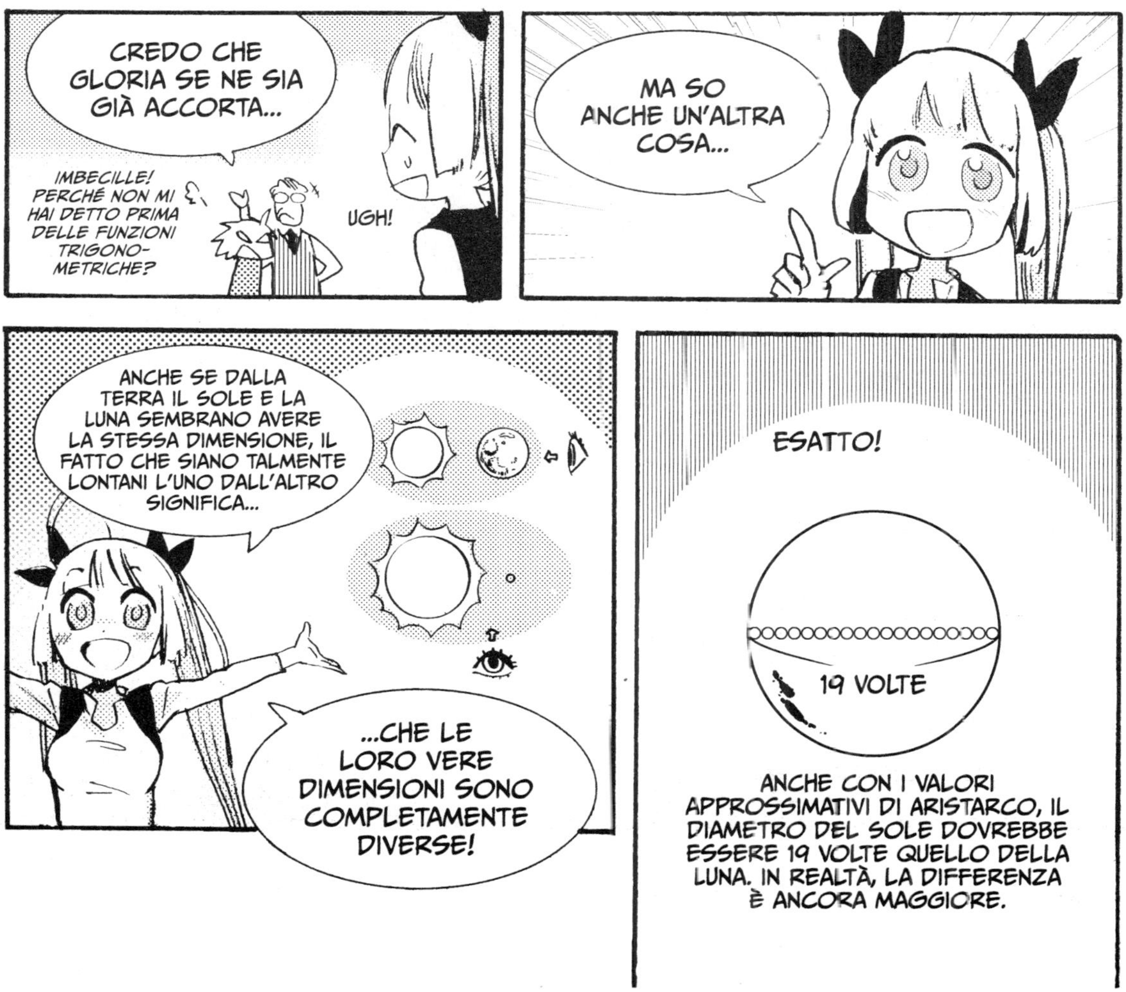

ARISTARCO AVEVA ANCHE NOTATO CHE LE ECLISSI DI LUNA SI VERIFICANO QUANDO LA LUNA ENTRA NEL CONO D'OMBRA DELLA TERRA.
POI, ANALIZZANDO LA DIMENSIONE DELL'OMBRA, CONCLUSE CHE IL DIAMETRO DELLA LUNA DOVEVA ESSERE CIRCA 1/3 DI QUELLO DELLA TERRA.
DA QUI SEGUIREBBE CHE IL DIAMETRO DEL SOLE È OLTRE SEI VOLTE QUELLO DELLA TERRA.
SE FOSSERO COMPOSTI DELLO STESSO MATERIALE, DI QUANTO DIFFERIREBBERO LE LORO MASSE?
6
DOBBIAMO ELEVARE IL RAGGIO AL CUBO, COME QUANDO CALCOLIAMO I VOLUMI...
6³ = 216
QUINDI IL SOLE SAREBBE PIÙ PESANTE DI CIRCA 200 VOLTE?
IN REALTÀ, LO È DI 330.000 VOLTE!
TERRA
330.000
E ANCHE SOLO 200 SAREBBE UNA BELLA DIFFERENZA, NON TROVATE?
SE FOSSE CORRETTO IL MODELLO GEOCENTRICO, SAREBBE STRANO SE UN SOLE COSÌ GRANDE EFFETTUASSE IN UN GIORNO UN GIRO COMPLETO ATTORNO ALLA TERRA.
1 GIORNO
DAVVERO STRANO!
E QUESTO È QUELLO CHE NON TORNAVA AD ARISTARCO.
POTREBBE PERSINO ESSERE IMPOSSIBILE!
MA SE SI SAPEVA CHE IL SOLE ERA COSÌ GRANDE, PERCHÉ SI CONTINUAVA A DARE CREDITO ALLA TEORIA GEOCENTRICA?

ARISTARCO MISE IN DUBBIO IL MODELLO GEOCENTRICO, MA NON LO RIMPIAZZÒ CON UNA COSMOLOGIA ELIOCENTRICA.
PROBABILMENTE NON RIUSCÌ A METTERE TUTTI D'ACCORDO SU UN SINGOLO MODELLO.
QUESTO PERCHÉ QUELLO CHE TUTTI VEDEVANO ERA CHE IL SOLE E LA LUNA GIRAVANO INTORNO ALLA TERRA.
NON ERA UN CONCETTO FACILE DA RIBALTARE.
AH AH AH
AH AH
AH AH
NON RIDETE!
UNA TEORIA CHE NESSUNO ACCETTA, PER QUANTO CORRETTA, NON ATTECCHIRÀ MAI.
BE'...
IN EFFETTI

む〜
NELLA SCIENZA QUESTO ACCADE SPESSO...
È SUCCESSO QUALCOSA...
PROFESSOR SANUKI!
STIA SU!
ESAGE-RATI!
UH?
NON SA QUANDO BISOGNA DICHIARARSI SCONFITTI...
NON MI SEMBRI SODDISFATTA, KANNA.
BE', TU RIUSCI-RESTI A LANCIARE UNA PERSONA 330.000 VOLTE PIÙ GROSSA DI TE?
ずーん
OOOH!
KANNA!
METTIMI GIÙ!
EHI!
柔を以って剛を制す!!
よっ
ぐわっ
PERCHÉ IL SOLE NON DOVREBBE RIUSCIRE A GIRARE INTORNO ALLA TERRA SOLO PERCHÉ È BELLO GROSSO?

È IMPOSSIBILE.
TU DICI?
OUCH.
ODIO AVERE TORTO!
あーっ
くやしいっ
INOLTRE, LA TEORIA GEOCENTRICA AVEVA UN ULTERIORE ERRORE FATALE.
ERRORE... FATALE?
VE LO SPIEGHERÀ KANTA.
UH?
SEI IL MIO STUDENTE MIGLIORE! PUOI FARCELA.
FORZA!
OKAY, OKAY!
EHM
UNA K! UNA A! UNA N!
KAN-TA! KAN-TA!
OKAY, OKAY, ORA BASTA. CALMATEVI!

DALLA TEORIA GEOCENTRICA A QUELLA ELIOCENTRICA

Il comportamento misterioso dei pianeti ha dato da pensare per un sacco di tempo, com'è chiaro anche dal fatto che la parola "pianeta" deriva da un termine greco che significa *stella vagabonda*.
Si pensava infatti che i pianeti si spostassero, cambiando la loro posizione, mentre le altre stelle (le cosiddette stelle fisse*) ruotassero su se stesse mantenendo le loro posizioni nella sfera celeste.

Oh, ma certo, una volta ho sentito la spiegazione al Planetario.

Esatto! E scommetto che anche planetario deriva da *pianeta*.

Sai proprio un sacco di cose, eh?

Certo! Sono andata a scuola negli USA!

Oh, ma che fortuna!

Basta voi due! Non voglio sentire le vostre discussioni!

Il primo modello geocentrico disegnato dal Professor Sanuki non poteva spiegare questi comportamenti. Per esempio, non si capiva perché il Sole e la Luna si muovessero in modo diverso.

Ma anche se la teoria geocentrica avrebbe potuto essere abbandonata...

...non lo fu. Perché a questo punto arriva Tolomeo.

*Le stelle in effetti si muovono, ma non le une rispetto alle altre.

Chi? E quando?

Uhm...

Non c'è certezza sulle date, ma sappiamo che era un astronomo e un geografo ad Alessandria d'Egitto sotto il dominio di Roma, nel corso del II Secolo, e le mappe del mondo che lasciò furono utilizzate fino al Medioevo. Solo una persona di grande talento come Tolomeo avrebbe potuto spiegare il moto dei pianeti con una teoria geocentrica.

Claudio Tolomeo
(circa 90-168)
era un astronomo e un geografo greco. Nel suo trattato Geografia *utilizzava per la prima volta latitudine e longitudine e propose la convenzione per la quale "il Nord sta in alto" che utilizziamo ancora oggi.*

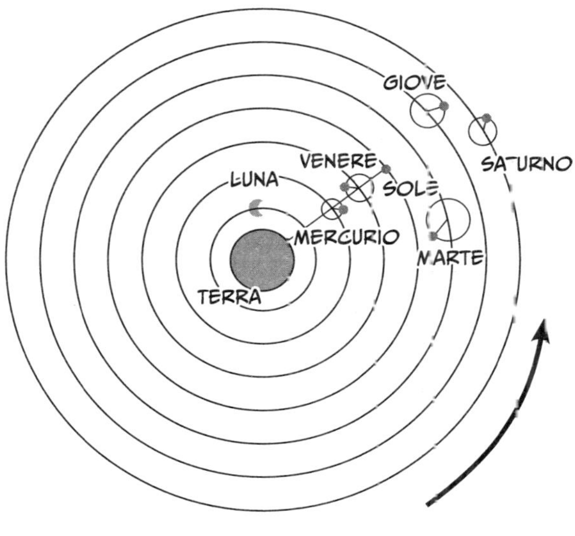

Modello geocentrico proposto da Tolomeo.

Esatto, questo è proprio il suo modello.

Gli antichi Greci credevano che la Luna, il Sole e gli altri pianeti ruotassero intorno alla Terra e il modello geocentrico di Tolomeo non metteva in discussione questo fatto. Le precedenti teorie geocentriche dell'Antica Grecia, però, non riuscivano a spiegare il moto retrogrado dei pianeti. Che cosa intendiamo con "retrogrado"? Il moto apparente dei pianeti è per la maggior parte del tempo verso Est, ma a volte, nel cielo notturno, sembra cambiare direzione. Il modello di Tolomeo interpretava questo fatto come una rivoluzione attorno a un certo punto dell'orbita del pianeta (in realtà, questo moto retrogrado apparente è causato dal fatto che la Terra "doppia" il pianeta nella sua rivoluzione intorno al Sole).

Un'idea ingegnosa, non vi pare?

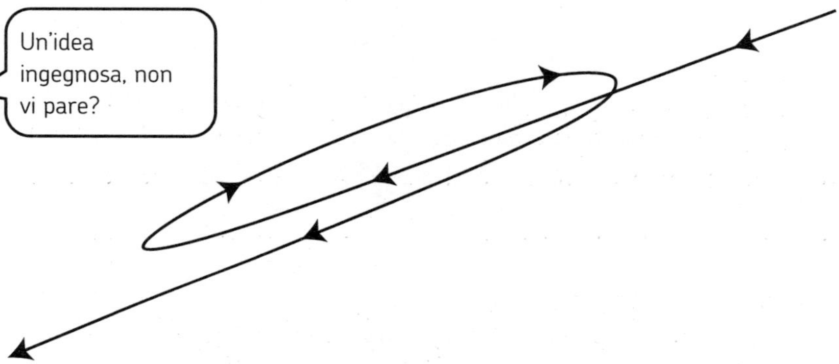

Il moto retrogrado di Marte nel cielo notturno, osservato dalla Terra.

Perché nel modello di Tolomeo Mercurio, Venere, la Terra e il Sole sono tutti allineati?

È in questo modo che Tolomeo spiegava perché Mercurio e Venere sembrano più vicini al Sole.

Ma certo. Ruotando intorno alla Terra insieme al Sole, appariranno sempre più vicini al Sole.

Uhm...

Che c'è?

Non vi sembra che con questo modello abbia esagerato un pochino?

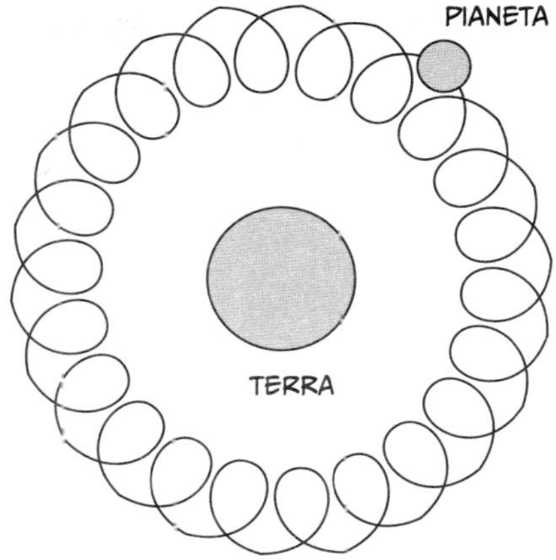

Il moto planetario nella teoria geocentrica di Tolomeo.

Certamente non era molto plausibile. Se fosse stato vero, i pianeti avrebbero dovuto ruotare come dei mulinelli.

È come se avesse dovuto pasticciare continuamente col modello, per adattarlo alle nuove scoperte scientifiche.

È proprio falsissimo! Non ci cascherebbe nessuno!

Mi chiedo... ecco, mi sembra un modello ben costruito... ma...

Perché non proviamo a confrontare questo modello con quello eliocentrico di Copernico?

Ottima idea! Il modello di Tolomeo fu accettato per quasi 1400 anni, per essere sostituito da quello di Copernico, esposto nel trattato *Sulle rivoluzioni delle sfere celesti*. Per i dettagli, potete leggere "Copernico era veramente un innovatore?" a pagina 71.

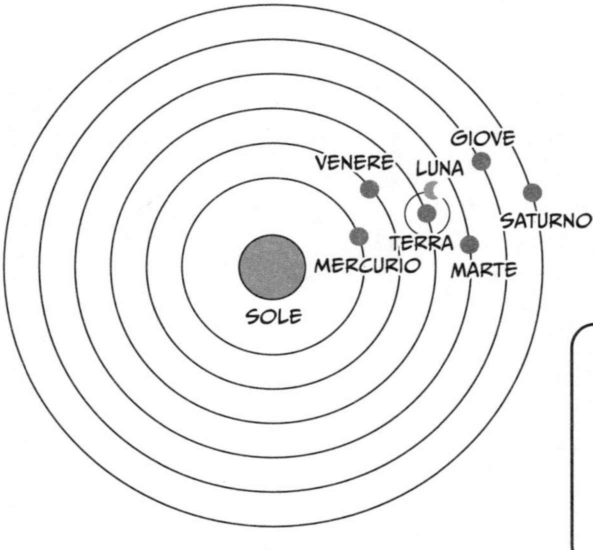

Molto chiaro!

Semplice, non vi sembra?

Personalmente, trovo che il tentativo di Tolomeo di spiegare il movimento dei pianeti con una teoria geocentrica fosse brillante ma...

Kanta... perché devi continuare a fare il tifo per la teoria geocentrica? Ormai non è ovvio che quella corretta è quella eliocentrica?

Cosa? Prima non dicevi il contrario?

Be', dobbiamo essere aperti ai nuovi pensatori e alle loro idee, no?

Se fossero tutti come voi, forse Galileo si sarebbe risparmiato l'Inquisizione!

Galileo Galilei (1564-1642)
è stato un fisico, astronomo e filosofo italiano.

Be', solo perché la teoria eliocentrica è corretta non significa che si tratti della verità assoluta. Ha semplicemente avuto più successo. Potremmo dire che il modello geocentrico è corretto nel senso che riesce a spiegare i moti planetari come vengono osservati dalla Terra.
Cosa? Quindi sarebbe corretta anche quella geocentrica? Ma qual è la migliore?
Conoscete l'espressione *rasoio di Occam?*
Sì! È quel principio per cui "se due teorie riescono a spiegare lo stesso fenomeno, è più probabile che quella corretta sia la più semplice".
Precisamente! Se applichiamo questo principio alla teoria geocentrica e a quella eliocentrica, quella con maggiori probabilità di essere corretta è la seconda, perché è più semplice.
Be', certamente i diagrammi di Copernico sono più immediati.
Semplice è bello!

LE SCOPERTE (E IL PROCESSO) DI GALILEO.
GALILEO GALILEI!
LA CHIESA ESIGE CHE RITRATTIATE LE VOSTRE TEORIE ERETICHE!
E PUR LA TERRA SI MUOVE!
OKAY, LUCI!
CLIK

LA PRIMA SCOPERTA DI GALILEO: I QUATTRO SATELLITI DI GIOVE

SCOPRENDO CHE OLTRE ALLA TERRA ANCHE UN ALTRO PIANETA AVEVA DEI SATELLITI, GALILEO SCOSSE DALLE FONDAMENTA LA TEORIA GEOCENTRICA, CHE SI BASAVA SUL FATTO CHE LA TERRA FOSSE UNICA.

LA SECONDA SCOPERTA DI GALILEO: LE FASI DI VENERE

GALILEO SCOPRÌ CHE LE DIMENSIONI APPARENTI DI VENERE CAMBIAVANO E, COSA FORSE ANCORA PIÙ IMPORTANTE, CHE AVEVA DELLE FASI SIMILI A QUELLE DELLA LUNA. QUESTO POTEVA ESSERE POSSIBILE SOLO SE SIA LA TERRA CHE VENERE AVESSERO PERCORSO UN'ORBITA ATTORNO AL SOLE. E IN EFFETTI, LE SUE OSSERVAZIONI SMENTIRONO IL MODELLO GEOCENTRICO DI TOLOMEO. QUESTA SCOPERTA SAREBBE STATA IMPOSSIBILE A OCCHIO NUDO.

INOLTRE, QUANDO NEL 1619 KEPLERO CHIARÌ LE LEGGI CHE REGOLAVANO IL MOTO DEI PIANETI, LA TEORIA ELIOCENTRICA COMINCIÒ FINALMENTE A ESSERE VISTA COME SEMPRE PIÙ ATTENDIBILE.
GIOVANNI KEPLERO (1571-1630) FU UN ASTRONOMO TEDESCO CHE SPIEGÒ IL MOTO DEI CORPI CELESTI FORMULANDO REGOLE COERENTI E VERIFICABILI (LE LEGGI DI KEPLERO).
E FU ALLORA, QUANDO IL MOTO DEI PIANETI COMINCIÒ A ESSERE SPIEGABILE CON LA FISICA, CHE TUTTI COMINCIARONO A CREDERCI, GIUSTO?
誰でもわかる* 宇宙
*L'UNIVERSO FOR DUMMIES
GIUSTO. DA QUEL MOMENTO, GLI ASTRONOMI COMINCIARONO AD APPLICARE IL METODO SCIENTIFICO, CHE SI BASAVA SULLE OSSERVAZIONI, LE SUCCESSIVE RICERCHE E INFINE L'ELABORAZIONE DELLE TEORIE.
LE LEGGI DI KEPLERO FORNIRONO LE FONDAMENTA ALLA MECCANICA NEWTONIANA DA CUI A SUA VOLTA SCATURÌ UN CORPUS DI CONOSCENZE E METODI APPLICABILI A MOLTE AREE DELLA RICERCA E DELLO SCIBILE.
MA, PROFESSOR SANUKI...
...E IL MIO UFO?

METTIAMO LE COSE IN PROSPETTIVA

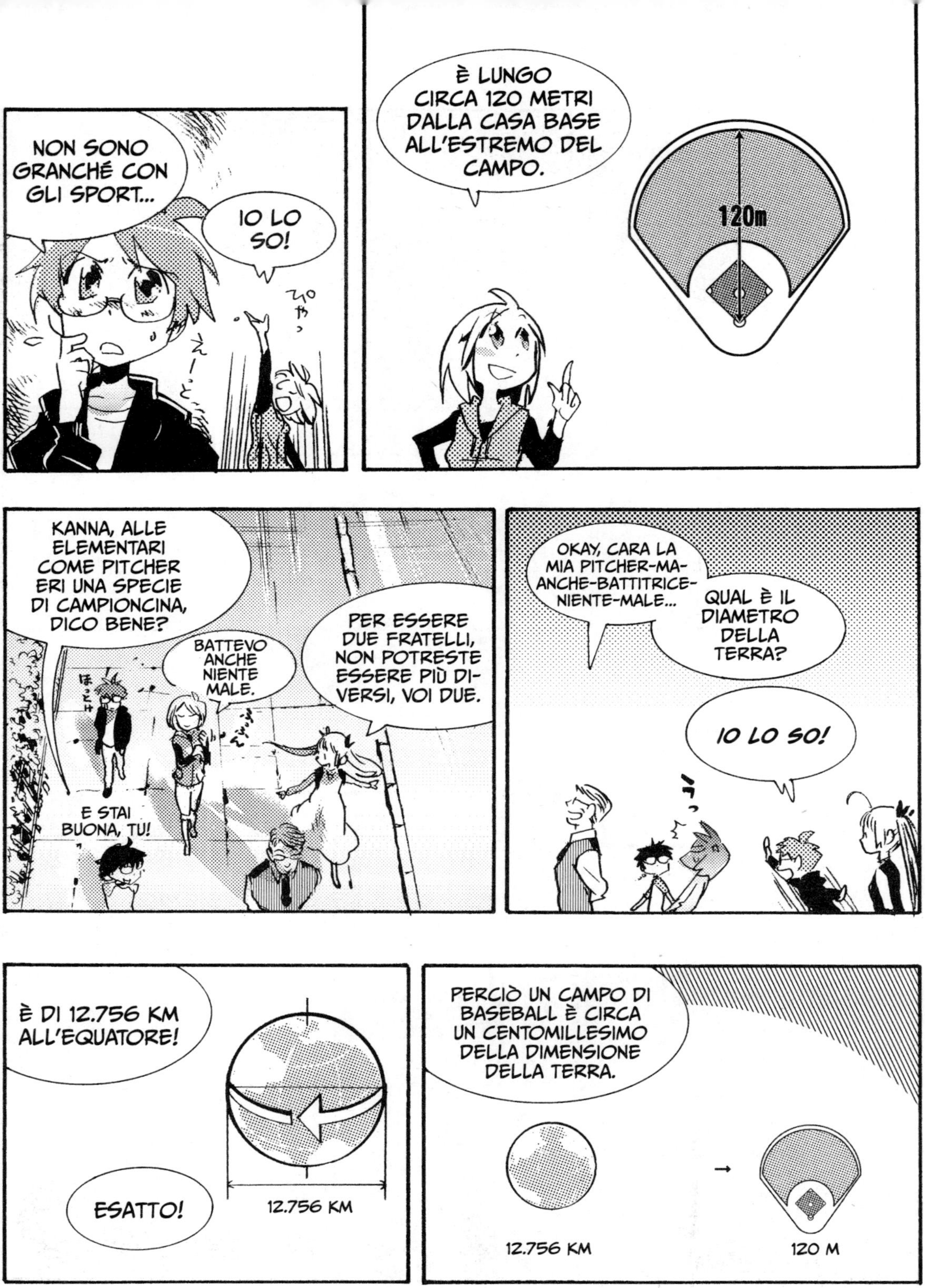

NON SONO GRANCHÉ CON GLI SPORT...
IO LO SO!
È LUNGO CIRCA 120 METRI DALLA CASA BASE ALL'ESTREMO DEL CAMPO.
120m
KANNA, ALLE ELEMENTARI COME PITCHER ERI UNA SPECIE DI CAMPIONCINA, DICO BENE?
BATTEVO ANCHE NIENTE MALE.
PER ESSERE DUE FRATELLI, NON POTRESTE ESSERE PIÙ DIVERSI, VOI DUE.
E STAI BUONA, TU!
OKAY, CARA LA MIA PITCHER-MA-ANCHE-BATTITRICE-NIENTE-MALE...
QUAL È IL DIAMETRO DELLA TERRA?
IO LO SO!
È DI 12.756 KM ALL'EQUATORE!
12.756 KM
ESATTO!
PERCIÒ UN CAMPO DI BASEBALL È CIRCA UN CENTOMILLESIMO DELLA DIMENSIONE DELLA TERRA.
12.756 KM
120 M

E ORA, MISS YAMANE...
IO?
SE LA TERRA FOSSE GRANDE COME UN CAMPO DI BASEBALL, QUANTO DISTEREBBE LA LUNA?
UH?!
UH, ECCO, DIVISO PER TRE, COL RIPORTO DI UNO...
UN PO' DIFFICILE, VERO?
PROVIAMO A CAMMINARE FINO ALLA LUNA.
MOLTO, MOLTO DOPO...
PROFESSOR SANJKI...
DOBBIAMO CONTINUARE A CAMMINARE?
ANCORA SOLO PER UN ALTRO PO'.
OCCHI SBARRATI
4 KM SONO TANTI, VERO?
CHE COSA? 4 KM?!

IL RAGGIO DELL'ORBITA LUNARE È MEDIAMENTE DI 384.400 KM E NELLA NOSTRA SCALA RIDOTTA QUESTO VUOL DIRE POCO MENO DI 4 KM.
CIRCA 4 KM
IL PROGRAMMA APOLLO ERA INCREDIBILE, NON TROVA?
QUANTO È GRANDE LA LUNA?
IL DIAMETRO DELLA LUNA ALL'EQUATORE È DI 3.475 KM. ALLA NOSTRA SCALA DIVENTA CIRCA 35 M.
35m
QUASI ESATTAMENTE LA DIMENSIONE DEL DIAMANTE.
SIAMO ARRIVATI.

È QUESTA LA LUNA?
STUPENDO IL TRAMONTO, VERO?
CHE BELLO FARE UN VIAGGETTO SULLA LUNA!
SALTO
ASTRONAUTA KANNA! OBIETTIVO RAGGIUNTO!
ATTENTA, KANNA! È PERICOLOSO!!!
SE QUESTA È LA LUNA, QUANTO È LONTANO IL SOLE?

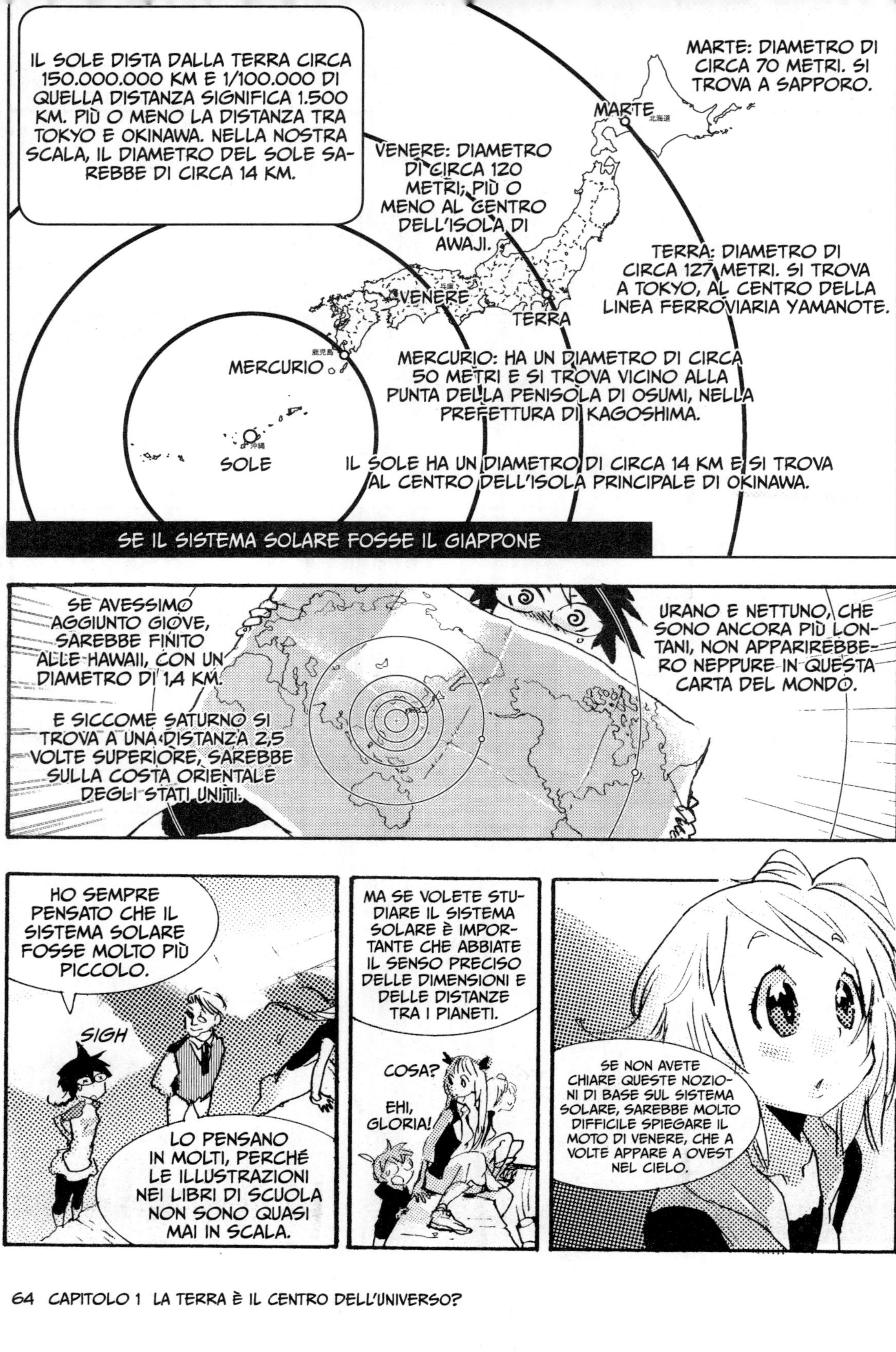
IL SOLE DISTA DALLA TERRA CIRCA 150.000.000 KM E 1/100.000 DI QUELLA DISTANZA SIGNIFICA 1.500 KM. PIÙ O MENO LA DISTANZA TRA TOKYO E OKINAWA. NELLA NOSTRA SCALA, IL DIAMETRO DEL SOLE SAREBBE DI CIRCA 14 KM.
MARTE: DIAMETRO DI CIRCA 70 METRI. SI TROVA A SAPPORO.
MARTE
VENERE: DIAMETRO DI CIRCA 120 METRI; PIÙ O MENO AL CENTRO DELL'ISOLA DI AWAJI.
TERRA: DIAMETRO DI CIRCA 127 METRI. SI TROVA A TOKYO, AL CENTRO DELLA LINEA FERROVIARIA YAMANOTE.
VENERE
TERRA
MERCURIO
MERCURIO: HA UN DIAMETRO DI CIRCA 50 METRI E SI TROVA VICINO ALLA PUNTA DELLA PENISOLA DI OSUMI, NELLA PREFETTURA DI KAGOSHIMA.
SOLE
IL SOLE HA UN DIAMETRO DI CIRCA 14 KM E SI TROVA AL CENTRO DELL'ISOLA PRINCIPALE DI OKINAWA.
SE IL SISTEMA SOLARE FOSSE IL GIAPPONE
SE AVESSIMO AGGIUNTO GIOVE, SAREBBE FINITO ALLE HAWAII, CON UN DIAMETRO DI 1,4 KM.
E SICCOME SATURNO SI TROVA A UNA DISTANZA 2,5 VOLTE SUPERIORE, SAREBBE SULLA COSTA ORIENTALE DEGLI STATI UNITI.
URANO E NETTUNO, CHE SONO ANCORA PIÙ LONTANI, NON APPARIREBBERO NEPPURE IN QUESTA CARTA DEL MONDO.
HO SEMPRE PENSATO CHE IL SISTEMA SOLARE FOSSE MOLTO PIÙ PICCOLO.
SIGH
LO PENSANO IN MOLTI, PERCHÉ LE ILLUSTRAZIONI NEI LIBRI DI SCUOLA NON SONO QUASI MAI IN SCALA.
MA SE VOLETE STUDIARE IL SISTEMA SOLARE È IMPORTANTE CHE ABBIATE IL SENSO PRECISO DELLE DIMENSIONI E DELLE DISTANZE TRA I PIANETI.
COSA?
EHI, GLORIA!
SE NON AVETE CHIARE QUESTE NOZIONI DI BASE SUL SISTEMA SOLARE, SAREBBE MOLTO DIFFICILE SPIEGARE IL MOTO DI VENERE, CHE A VOLTE APPARE A OVEST NEL CIELO.

A OVEST NEL CIELO? OH!
QUINDI L'UFO CHE HO VISTO... ERA VENERE!
UN VERO PECCATO...

QUAL È LA DISTANZA APPROSSIMATIVA DELL'ORIZZONTE?

Se la Terra fosse piatta e l'aria fosse perfettamente trasparente, potremo vedere fino all'infinito. Pertanto, il fatto che esista un orizzonte – cioè una linea immaginaria che separa la Terra dal cielo – è una prova a favore del fatto che la Terra è rotonda.

Ma quanto è lontano l'orizzonte?

Se r è il raggio della Terra e h l'altezza del punto di vista dell'osservatore, usando il Teorema di Pitagora ricaviamo una relazione che lega queste grandezze alla distanza L dell'orizzonte:

$$(r+h)^2 = r^2 + L^2$$

Pertanto

$$L = \sqrt{(r+h)^2 - r^2}$$
$$= \sqrt{2hr + h^2}$$

Siccome il raggio r della Terra è di circa 6,378 km, nell'ipotesi che l'altezza media h dell'occhio di una persona sia 0,0015 km, troviamo che L vale circa 4,4 km. In altre parole, se fissiamo l'Oceano dalla spiaggia, vedremo al massimo fino a una distanza di 4,4 km.

Incidentalmente, anche guardando fuori dal finestrino di un aereo in volo a un'altezza di circa 10 km, la distanza dell'orizzonte sarà più o meno di 360 km. Non più di quanto New York disti da Washington, insomma: anche a quelle grandi altezze, non ci è possibile vedere tanto in là.

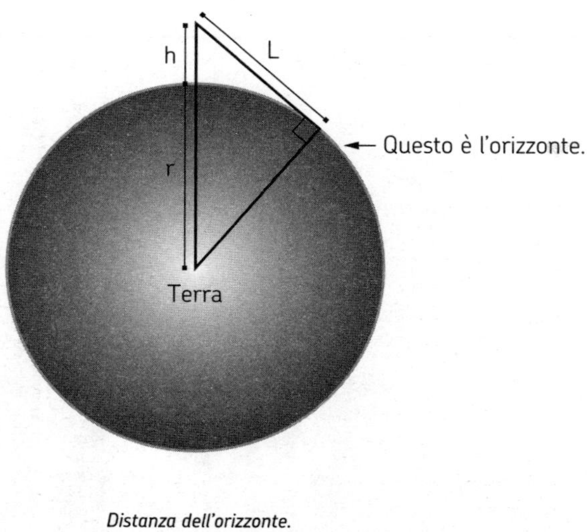

Distanza dell'orizzonte.

MISURIAMO L'UNIVERSO: QUANTO DISTA LA LUNA?

In questo momento, la Luna si allontana dalla Terra di circa 3,8 cm all'anno. La distanza media tra i due corpi è approssimativamente di 385.000 km e questo vuol dire che se manterrà lo stesso ritmo aumenterà dell'1% in 100 milioni di anni. Notevole che si riesca a misurare le distanze tra i corpi celesti in centimetri, no?

I CUBI RADAR

Sulla superficie della Luna è stato collocato uno specchio per la misurazione delle distanze.

Siamo in grado di effettuare misure così precise grazie alle missioni Apollo che furono lanciate a partire dal 1969. Gli Apollo 11, 14 e 15 hanno collocato sulla superficie lunare degli specchi speciali in grado di riflettere raggi laser emessi sulla Terra. Sono specchi molto diversi da quelli casalinghi e vengono chiamati "Cubi radar" (Corner Cube Mirrors). La loro superficie è tale che qualsiasi tipo di luce la colpisca verrà riflessa parallelamente a se stessa, indipendentemente dalla direzione di provenienza.

Questo tipo di specchi possono essere usati per misurare le distanze con grande precisione puntando una luce verso lo specchio e registrando il tempo impiegato dalla luce riflessa per fare ritorno. La velocità della luce nel vuoto è costante e vale 299.792.458 metri al secondo e costituisce un ottimo "righello" per questo tipo di misura.

COME FUNZIONA UN CUBO RADAR

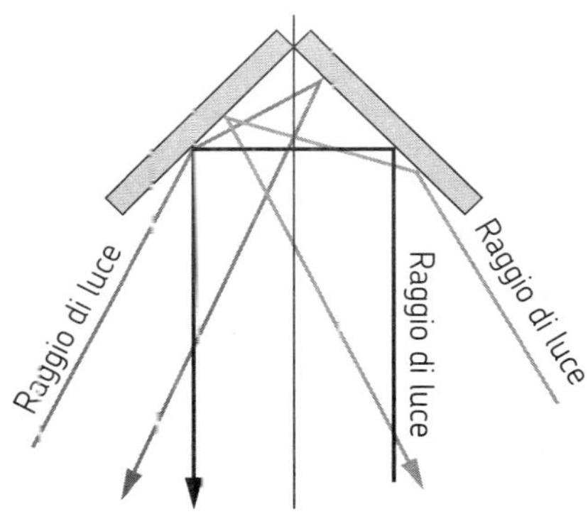

Cubo radar (in due dimensioni).

In un modello bidimensionale semplificato, un cubo radar consiste di due specchi adiacenti ad angolo retto, come vedete in figura. In questo modo, la luce incidente verrà riflessa sotto un angolo uguale a quello d'incidenza, e quindi nella stessa direzione da cui proviene. In tre dimensioni il principio è il medesimo.

Non è niente di nuovo: è la stessa idea in azione nei riflettori, nei fanali delle auto o nei segnali stradali.

Lo specchio collocato sulla Luna fa uso di un prisma per riflettere la luce.

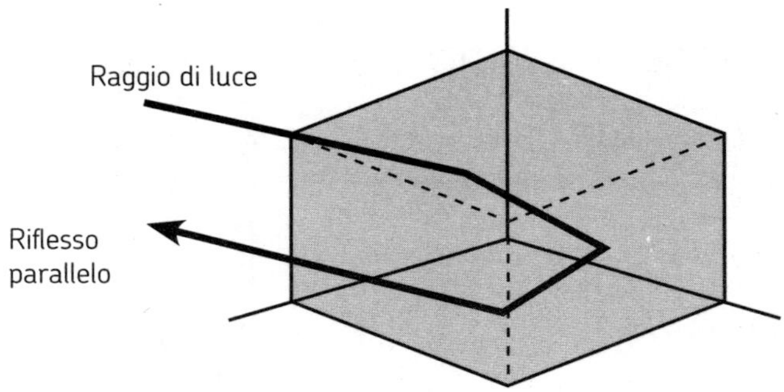

Cubo radar (in tre dimensioni).

PRIMA DEL CUBO RADAR

Come misuravano le distanze gli scienziati prima che l'Apollo arrivasse sulla Luna?

Il metodo più comune per misurare la distanza da un oggetto in cui non ci si può recare è la triangolazione. Innanzitutto, si osserva l'oggetto da due punti diversi: nella figura a destra, la base rappresenta la distanza tra i punti di osservazione A e B, mentre C è l'oggetto osservato. Ovviamente, dobbiamo conoscere con precisione la distanza tra A e B; poi, se sappiamo misurare gli angoli in A e in B, con un po' di trigonometria possiamo ricavare le distanze AC e BC. Si pensa che questa tecnica fosse già in uso nell'Antico Egitto più o meno 3.000 anni a.C. Era anche usata normalmente in Grecia nel periodo durante il quale la Geografia e l'Astronomia si svilupparono rapidamente come scienze (tra i 2.500 e i 2.000 anni fa). Un esempio celebre di triangolazione che già conosciamo fu la misurazione delle dimensioni della Terra effettuata da Eratostene.

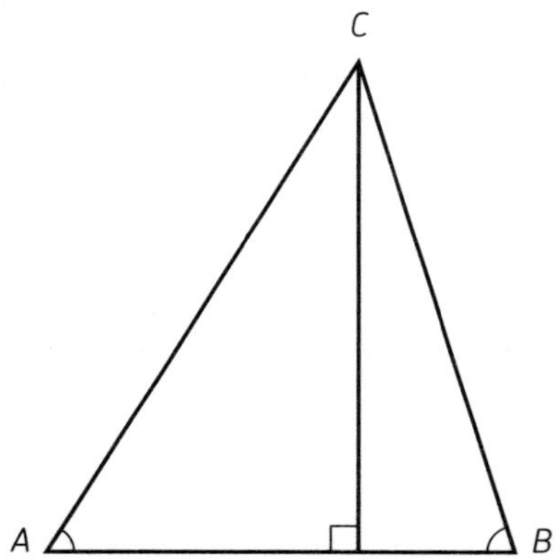

Se conosciamo la lunghezza AB, le distanze AC e BC si troveranno determinando gli angoli in A e in B.

Ipparco, che visse intorno al 190-120 a.C., era l'astronomo greco che misurò la distanza della Luna una generazione dopo Eratostene, ma sfortunatamente, il suo metodo è andato perduto. Si pensa che possa avere misurato gli angoli sotto i quali la Luna era visibile alla stessa ora del giorno, da due punti posti a una distanza nota, ma poiché all'epoca non poteva disporre di orologi, deve avere sfruttato un'eclisse di Sole o di Luna per riconoscere la stessa ora in due luoghi diversi.

Ipparco concluse che la Luna si trovava a una distanza compresa tra 59 e 72,3 volte il raggio terrestre. Noi sappiamo che in realtà questa distanza è di 60 volte il raggio terrestre, quindi tutto sommato si trattava di una misura abbastanza precisa.

Prima che le missioni Apollo collocassero il nostro amico cubo sulla Luna, gli scienziati avevano continuato a usare lo stesso metodo degli Antichi Greci, un metodo molto semplice: si identifica una località A da cui il centro della faccia della Luna è visibile allo Zenit, e un'altra località B da cui sia visibile all'orizzonte alla stessa ora del giorno. Se i punti A e B si trovano alla stessa longitudine, la differenza di latitudine sarà l'angolo in O (il centro della Terra). Dopodiché, possiamo usare il raggio terrestre BO per calcolare la distanza della Luna come BO x tan(differenza tra le latitudini).

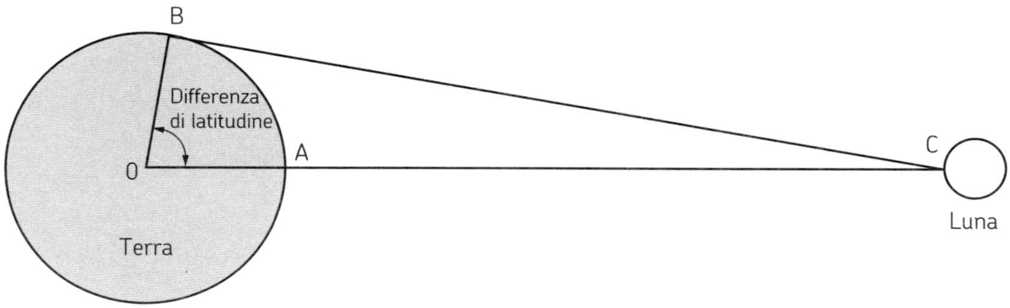

Un metodo per misurare la distanza della Terra dalla Luna.

TEORIA GEOCENTRICA CONTRO TEORIA ELIOCENTRICA: UNO SCONTRO TRA TITANI

L'esperienza ci dice che quello che osserviamo con i nostri occhi non è necessariamente vero. L'esempio migliore è lo specchio: quando lo guardiamo, vediamo una persona che è l'immagine identica di noi stessi, ma nessuno fissando lo specchio urlerebbe agitato "C'è un altro me stesso dall'altra parte!"

In altre parole, girando lo specchio ci rendiamo immediatamente conto che dall'altra parte non c'è un mondo identico al nostro ma rovesciato, e che si tratta semplicemente della nostra immagine, anche se quello a cui pensiamo non è il fenomeno fisico della riflessione della luce. Ma quando a essere osservato è l'Universo, è molto difficile che le persone accettino una spiegazione diversa da quello che vedono.

Il Sole, la Luna e le tantissime stelle che risplendono nel cielo notturno sembrano sicuramente girare intorno alla Terra, ed è quindi naturale che i primi modelli dell'Universo si formassero intorno alla Teoria Geocentrica.

In fondo, se la Terra si muovesse non riusciremmo a stare in piedi, non sembra anche a voi? Saremmo scaraventati nello spazio! Prima che la fisica si sviluppasse a sufficienza, non era affatto semplice rispondere a queste domande.

A parte alcuni pensatori nell'Antica Grecia, nessuno prese mai veramente in considerazione la possibilità che l'Universo fosse eliocentrico e il geocentrismo ebbe praticamente il monopolio della scena fino all'arrivo di Copernico.

CHE RAZZA DI ORBITA SEGUIVANO I PIANETI NELLA TEORIA GEOCENTRICA?

Il motivo più probabile per cui il modello geocentrico dell'Universo è stato comunemente accettato per così tanto tempo è che ogni volta che qualcuno eseguiva un'osservazione sui corpi celesti che avrebbe potuto smentirlo, qualcun altro produceva una spiegazione del perché la nuova osservazione era compatibile col geocentrismo. La mappa dello spazio di Tolomeo, che spiegava il moto dei pianeti in modo da giustificare le leggere variazioni della loro posizione apparente, o della luminosità, ne è un esempio lampante.

Una parte della mappa è riprodotta a lato. Se fosse l'unica teoria di vostra conoscenza, vi sembrerebbe convincente. Ma se andate avanti a sviluppare una teoria dei moti planetari sulla base di questo diagramma, è evidente che il pianeta si muoverà secondo un'orbita simile a una molla tesa, come si vede nel secondo diagramma. Perché mai i pianeti dovrebbero muoversi a spirale, quando la Luna ha un'orbita circolare? Dopo attente considerazioni, tutto appare assurdamente contorto e complicato.

Eppure, tutti furono sempre estremamente decisi a non abbandonare il sistema geocentrico e, anche se nuove osservazioni continuavano ad accumularsi, il sistema eliocentrico non si impose facilmente.

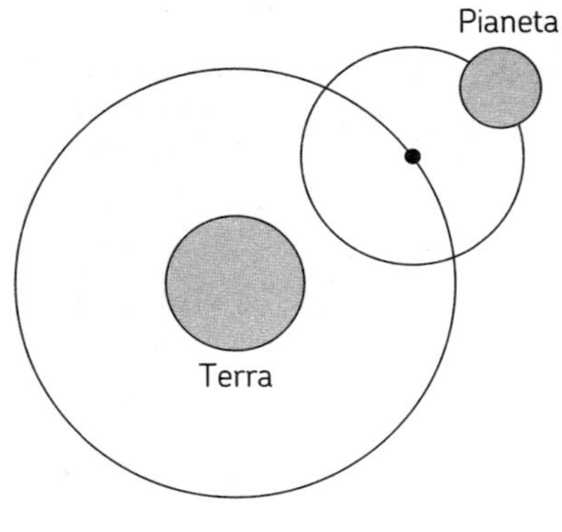

Moto planetario secondo il sistema geocentrico (tolemaico)

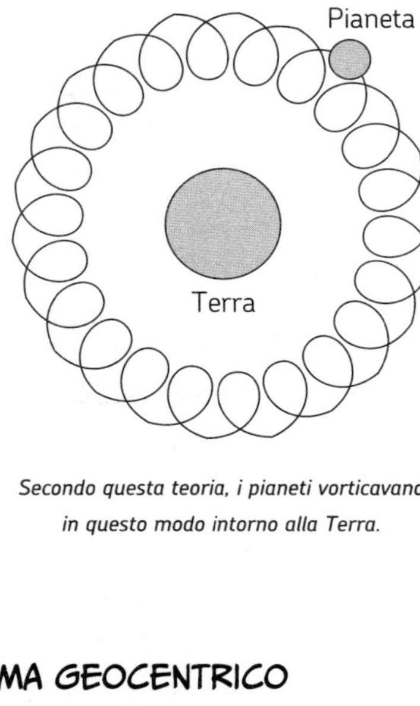

Secondo questa teoria, i pianeti vorticavano in questo modo intorno alla Terra.

TYCHO BRAHE FA IL LIFTING AL SISTEMA GEOCENTRICO

Potremmo dire che l'ultimo respiro del geocentrismo furono i diagrammi astronomici di Tycho Brahe (1549-1601).

Era un astronomo danese leggermente più anziano di Galileo (1564-1642) e propose un modello dell'Universo che costituiva un compromesso tra le teorie geocentriche ed eliocentriche. I bordi esterni del modello erano in tutto e per tutto in accordo con l'eliocentrismo, ma al centro c'era la Terra, perché Tycho credeva fermamente che fosse immobile. Il risultato fu un diagramma astronomico molto affascinante.

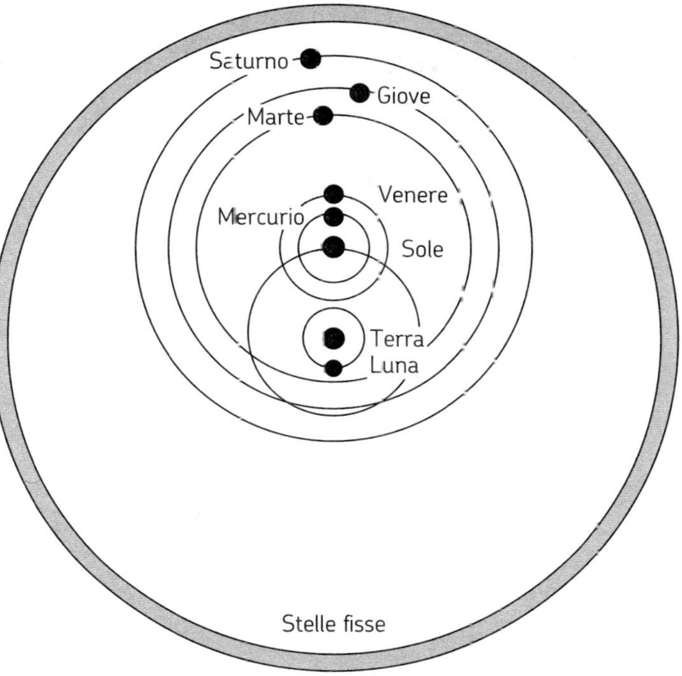

Sistema tychonico.

COPERNICO ERA VERAMENTE UN INNOVATORE?

Come avete letto, all'inizio il sistema eliocentrico non è stato molto popolare.

Si dice spesso che la Rivoluzione Copernicana ha completamente ribaltato il nostro modo di pensare, ma quanto lo scienziato Copernico fosse veramente aperto all'innovazione è ancora un argomento controverso.

Sosteneva il sistema eliocentrico nella sua opera *Sulle rivoluzioni delle sfere celesti*, che però fu pubblicata solo nell'anno della sua morte, il che gli risparmiò ogni possibile critica. Inoltre, il modello eliocentrico che descriveva era comunque incompleto e in realtà all'inizio non suscitò discussioni particolari.

Negli ultimi tempi del geocentrismo, al modello dell'Universo erano state apportate correzioni su correzioni ed era in grado di spiegare tutti i moti osservati dei corpi celesti, con l'eccezione delle comete. Copernico era convinto che le orbite dei pianeti fossero cerchi, mentre oggi sappiamo che sono ellissi, a causa dell'influenza degli altri pianeti, e anche lui non era in grado di spiegare le traiettorie delle comete.

Quindi, in realtà, il suo modello eliocentrico non spiegava nulla che la teoria geocentrica non fosse già in grado di dimostrare.

KEPLERO COMPLETA IL MODELLO ELIOCENTRICO

Il vero autore di un modello cosmologico largamente accettato che portò realmente a compimento la Rivoluzione Copernicana fu l'astronomo tedesco Giovanni Keplero (1571-1630). Keplero dimostrò che il moto dei pianeti segue un "cerchio deformato" (un'*ellisse*) ed enunciò le tre leggi che portano il suo nome. Queste leggi evidenziarono per la prima volta come la teoria eliocentrica fosse più logica, più precisa e più semplice di ogni altra teoria.

Prima legge: L'orbita di ogni pianeta è un'ellisse che ha il Sole come uno dei fuochi.

Seconda legge: Il raggio che collega il pianeta al Sole spazza aree uguali in tempi uguali.

Terza legge: Il quadrato del periodo orbitale è proporzionale al cubo del semiasse maggiore dell'orbita.

Nella prossima pagina analizzeremo le leggi di Keplero nel dettaglio.

Keplero riuscì a descrivere gli effettivi moti planetari – che si pensavano essere estremamente complessi – con leggi molto semplici perché era stato assistente di Tycho Brahe ed era in grado di gestire l'enorme quantità di osservazioni sperimentali che probabilmente erano le più precise ed estese mai esistite prima dell'invenzione del telescopio. Il telescopio rifrattore, o galileiano, fu inventato poco dopo la morte di Brahe e, se fosse stato disponibile prima, il grande astronomo sarebbe forse diventato uno dei pionieri della teoria eliocentrica.

CHE COSA FECE GALILEO?

In genere, quando si parla di eliocentrismo il nome di Galileo risulta più noto di quello di Keplero (forse anche per la curiosa abitudine di chiamarlo solo per nome; infatti, secondo l'uso toscano dell'epoca, al primogenito veniva data come nome la forma singolarizzata del cognome).

Anche se l'Inquisizione lo considerò come un rappresentante della fazione degli eliocentristi, Galileo commise parecchi errori: per esempio, come Copernico era convinto che le orbite dei pianeti fossero circolari. Era comunque un carattere ostinato e anche dopo la pubblicazione delle leggi di Keplero continuò a insistere che i pianeti non seguissero orbite ellittiche (i due erano contemporanei).

Cionostante, non vi è alcun dubbio che Galileo fosse un genio: le sue ricerche spaziarono nei campi più diversi, come medicina, matematica, astronomia e fisica, ed inventò il cannocchiale, o telescopio rifrattore, per l'osservazione dei corpi celesti. In particolare, dobbiamo a lui la formulazione del moderno metodo scientifico utilizzato ancora oggi, secondo cui si analizzano matematicamente i risultati per derivarne delle teorie: si tratta di un'impresa intellettuale che gli è valsa il titolo di padre della scienza moderna.

CHE COSA ABBIAMO IMPARATO DALL'ELIOCENTRISMO?

Si ritiene generalmente che il dibattito tra eliocentrismo e geocentrismo sia terminato nel 1619, con la pubblicazione della Terza Legge di Keplero (la Prima e la Seconda erano apparse nel 1609). Persino oggi, però, molti sembrano non afferrare il senso autentico della teoria eliocentrica.

Un esempio tipico è la macchina del tempo, un espediente che compare in tanti film e romanzi di fantascienza. Il punto non è se una simile macchina possa essere effettivamente costruita ma che, in una tipica storia dove un personaggio vi sale a bordo, si attraversi il tempo restando nello stesso luogo: è una specie di convenzione il fatto che riappaia in un'altra epoca senza essersi spostato.

In realtà, non esiste una nozione come "lo stesso luogo" attraverso il tempo: la Terra ruota su se stessa mentre si sposta intorno al Sole. Oltre a ciò, come vedremo nel prossimo capitolo, lo stesso Sistema Solare ruota all'interno della Via Lattea e neppure la Via Lattea se ne sta ferma. In altre parole, a qualunque scala osserviamo l'Universo, non esiste alcun punto realmente a riposo.

Non è pertanto possibile indicare uno specifico punto nello spazio: poiché tutto è in movimento e non c'è un riferimento privilegiato, è impossibile persino identificare la posizione della Terra una volta trascorsi anche solo pochi secondi.

Così, se da un lato la teoria eliocentrica è considerata il punto di partenza della cosmologia moderna (in cui tutto è in perenne movimento e trasformazione), la teoria proposta da Copernico era in realtà una teoria che prevedeva il Sole al centro.

Ciononostante, oggi abbiamo elaborato e siamo consapevoli di concetti filosofici che, ben al di là della scienza, sostengono che né la Terra né il Sole si trovano al centro dell'Universo, e che tutto si sposta e si trasforma in perenne movimento.

UNA SPIEGAZIONE LEGGERMENTE COMPLICATA DELLE LEGGI DI KEPLERO

Diamo un'occhiata da vicino a queste leggi importantissime.

PRIMA LEGGE: L'ORBITA DI OGNI PIANETA È UN'ELLISSE CHE HA IL SOLE COME UNO DEI FUOCHI

Con questa legge Keplero nega che le traiettorie dei pianeti siano circolari. Inoltre, il Sole si trova in uno dei fuochi e non al centro dell'ellisse. La situazione è illustrata dalla figura seguente.

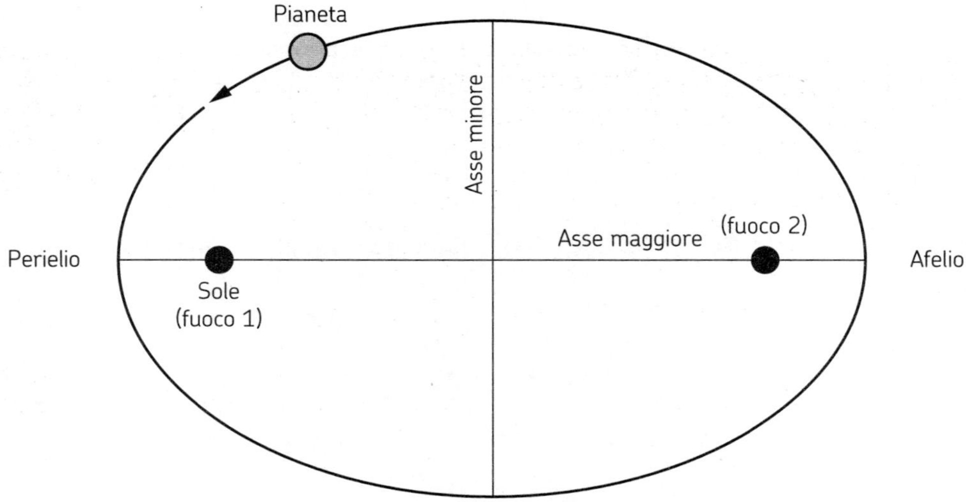

Orbita di un pianeta secondo la Prima Legge di Keplero.

Anche se l'orbita terrestre è quasi circolare, le orbite degli altri pianeti (come Marte) sono più chiaramente ellittiche. Per questo la teoria di Copernico non era in grado di spiegare le osservazioni relative a Marte ed è sempre per questo che Keplero formulò questa legge per prima. La misura dell'ellitticità si chiama eccentricità, un numero definito in questo modo:

$$\text{eccentricità} = \frac{\text{distanza tra i fuochi}}{\text{asse maggiore}}$$

L'*asse maggiore* è il segmento che nel diagramma congiunge il perielio e l'afelio, cioè i punti dell'orbita in cui il pianeta è – rispettivamente – più vicino e più lontano dal Sole. Il semiasse maggiore è la metà di quella distanza ed è anche la distanza media del pianeta dal Sole.

Un cerchio ha un solo fuoco (il centro) e la sua eccentricità è quindi 0. Più l'orbita è eccentrica e più la sua forma è ellittica. La tabella seguente riporta l'eccentricità orbitale dei pianeti del Sistema Solare.

Pianeta	Mercurio	Venere	Terra	Marte	Giove	Saturno	Urano	Nettuno
Eccentricità	0.2056	0.0068	0.0167	0.0934	0.0485	0.0555	0.0463	0.0090

Un'osservazione rapida ma importante: in matematica, l'eccentricità non è necessariamente solo una misura dell'ellitticità. Quando l'eccentricità (che solitamente rappresentiamo con la lettera e) è compresa tra 0 e 1, inclusi questi valori, la curva corrisponde a un cerchio o a un'ellisse. Per altri valori otteniamo una parabola o un'iperbole.

Eccentricità (*e*) = 0	Cerchio
0 < Eccentricità (*e*) < 1	Ellisse
Eccentricità (*e*) = 1	Parabola
1 < Eccentricità (*e*)	Iperbole

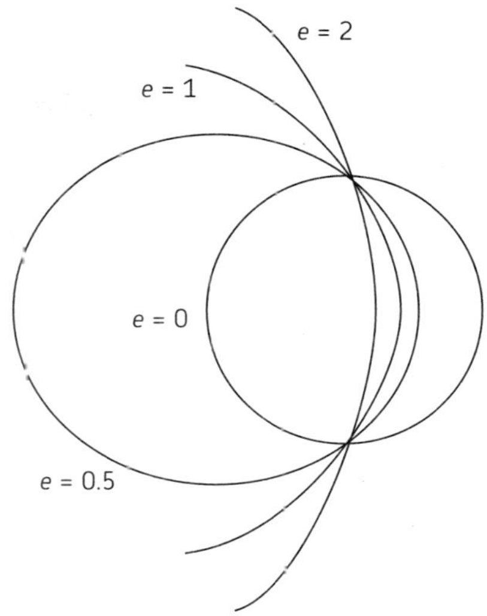

Rapporto tra eccentricità e forma della curva.

SECONDA LEGGE: IL RAGGIO CHE COLLEGA IL PIANETA AL SOLE SPAZZA AREE UGUALI IN TEMPI UGUALI

In altre parole, un pianeta in un'orbita ellittica si muoverà più rapidamente quando è più vicino al Sole, e più lentamente quando è più lontano. In questa figura e nelle successive, questo è illustrato dalle aree in grigio.

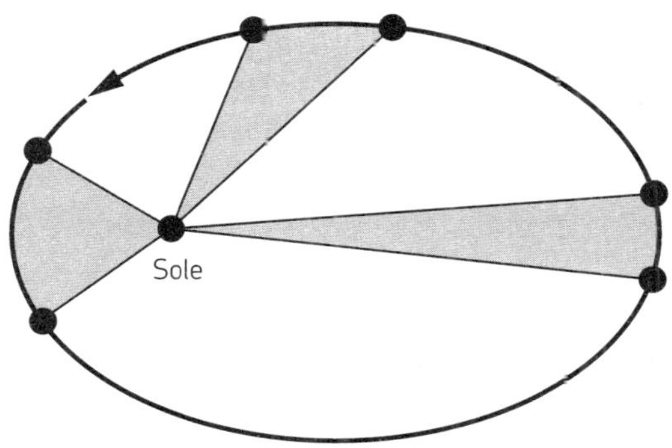

L'orbita di un pianeta per la Seconda Legge di Keplero.

Nella Meccanica di Newton questo corrisponde alla conservazione del momento angolare. Anche se non è facile dimostrarlo matematicamente, intuitivamente è simile al modo in cui ruota una pattinatrice artistica: se inizia a girare su se stessa a braccia aperte, girerà sempre più velocemente man mano che le avvicina al corpo.

Un'altra situazione è quella di un peso attaccato a una corda, che viene fatto roteare: più la corda è lunga e più è difficile far ruotare il peso, e la sua velocità sarà inferiore.

Concettualmente, forse, la spiegazione seguente è la più semplice: quando sul corpo non agisce alcuna forza esterna, per la legge di conservazione dell'inerzia, il corpo proseguirà nel suo moto lineare uniforme. Nella figura, il corpo si sposta in questa successione: $P_1 \rightarrow P_2 \rightarrow P_3$, dove la distanza tra P_1 e P_2 è uguale a quella tra P_2 e P_3.

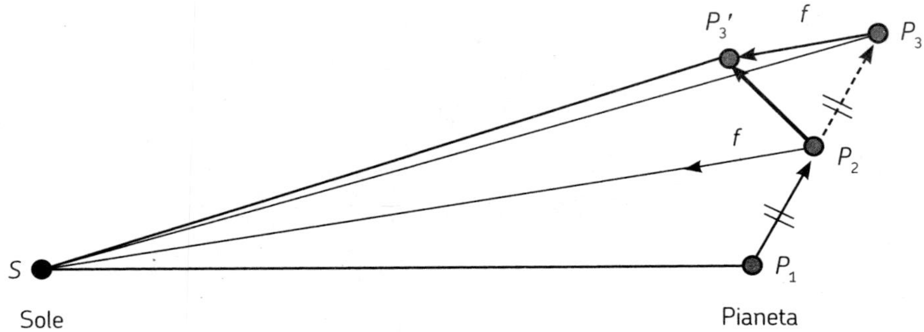

Orbita di un pianeta per la Seconda Legge di Keplero.

Un pianeta però è soggetto alla forza di gravità f esercitata dal Sole, che lo attira mentre si sposta da P_2 a P_3. La gravità esercita un'azione continua, che attira il pianeta verso sinistra, portandolo nella posizione P_3' (la posizione risultante dalla composizione di *f* e della forza di inerzia che si oppone, cercando di mantenere il corpo in moto lineare uniforme). Poiché l'inerzia non cambia, le lunghezze P_2P_3 e $P_2P'_3$ sono uguali. Se ora confrontiamo i triangoli $\triangle SP_1P_2$ e $\triangle SP_2P_3$, vediamo che sono uguali perché hanno la stessa altezza e basi uguali ($P_1P_2 = P_2P_3$).

Passiamo ora ai triangoli $\triangle SP_2P_3$ e $\triangle SP_2P'_3$: hanno la stessa base SP_2 e anche la stessa altezza (poiché f è la forza di gravità in P_2, anche la freccia utilizzata per comporre le forze sarà parallela a SP_2) e sono quindi uguali. In altre parole:

$$\triangle SP_2P_3 = \triangle SP_2P'_3$$

Siccome questo vale indipendentemente dalla posizione del Sole e del pianeta, il segmento di retta che li unisce spazzerà aree uguali in eguali intervalli di tempo.

TERZA LEGGE: IL QUADRATO DEL PERIODO ORBITALE È PROPORZIONALE AL CUBO DEL SEMIASSE MAGGIORE DELL'ORBITA

Probabilmente questa è la legge più difficile da capire. In breve, significa che la durata del periodo orbitale (il tempo impiegato dal pianeta per percorrere un'intera orbita) dipende unicamente dal semiasse maggiore. Siccome non dipende dall'eccentricità dell'orbita ellittica, a parità di semiasse il periodo sarà il medesimo.

Incidentalmente, il semiasse maggiore è metà dell'asse maggiore, che compare nell'enunciato della Prima Legge, ed è anche la distanza media tra il pianeta e il Sole. Anche prima di Keplero, gli astronomi avevano osservato come pianeti con orbite più lunghe (nella direzione dell'asse maggiore) richiedessero più tempo per essere percorse, ma nessuno prima di Keplero aveva intuito la relazione matematica tra il semiasse maggiore e il periodo orbitale.

Se chiamiamo P il periodo orbitale in anni e a il semiasse maggiore (la distanza media tra il pianeta e il Sole), in unità astronomiche (o AU, dove 1 AU è la distanza tra la Terra e il Sole) allora per la Terra (quindi a = 1AU) vale la seguente relazione:

$$\frac{a^3}{P^2} = 1$$

Se calcoliamo questo rapporto per tutti i pianeti del Sistema Solare, otteniamo la seguente tabella, che conferma la Terza Legge di Keplero:

SEMIASSE MAGGIORE E PERIODO ORBITALE

Pianeta	Semiasse maggiore a (in AU)	a^3	Periodo orbitale relativo alla stella fissa P (in anni solari)	P^2	a^3/P^2
Mercurio	0.3871	0.05800555	0.2409	0.05803281	0.9995
Venere	0.7233	0.37840372	0.6152	0.37847104	0.9998
Terra	1.0000	1	1.0000	1	1.0000
Marte	1.5237	3.53751592	1.8809	3.53778481	0.9999
Giove	5.2026	140.819017	11.8620	150.707044	1.0008
Saturno	9.5549	872.32524	29.4580	867.773764	1.0052
Urano	19.2184	7098.25644	84.0220	7049.69648	1.0055
Nettuno	30.1104	27299.1783	164.7740	27150.4711	1.0055

2

DAL SISTEMA SOLARE ALLA VIA LATTEA

E SE KAGUYA-HIME PROVENISSE DA UN PIANETA DEL SISTEMA SOLARE?

SCUSATE!
NON HO ANCORA DECISO DOV'È NATA KAGUYA-HIME...
NON POSSIAMO FARE VENERE?
LEGGI QUA.
"ASTRONOMIA FOR ULTRA-DUMMIES"?
FLIP FLIP
VEDIAMO... VENERE...
"LA TEMPERATURA DI VENERE IN SUPERFICIE È DI 400°C".
SU VENERE KAGUYA-HIME BRUCEREBBE ALL'ISTANTE.
CARBONIZZATA
FLIP FLIP
E MARTE?
VEDIAMO... HA "UN'ATMOSFERA SOTTILE DI ANIDRIDE CARBONICA CON TRACCE DI OSSIGENO".
AH!
POTREBBE FUNZIONARE, NON TROVI?
SU MARTE LA TEMPERATURA PUÒ SCENDERE A -63°C.

KAGUYA-HIME E IL SISTEMA SOLARE

Cerchiamo di capire quale poteva essere il pianeta d'origine di Kaguya-hime. Riusciamo a trovare un pianeta adeguato all'interno del Sistema Solare?

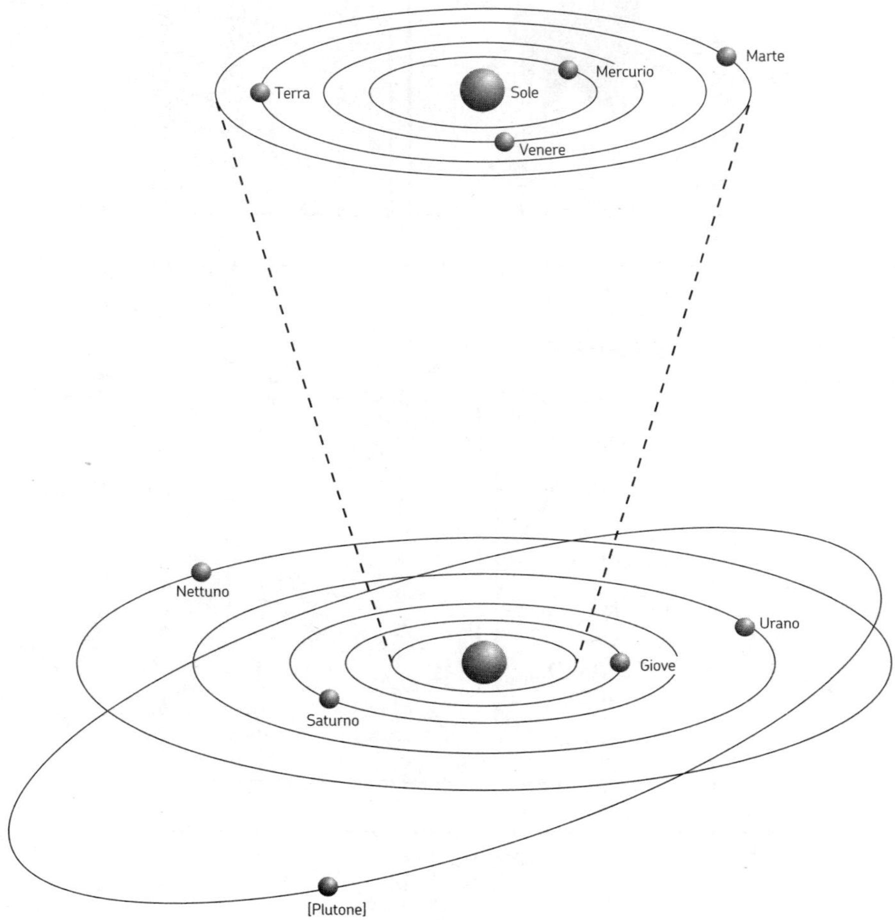

Le orbite dei pianeti del Sistema Solare (nell'agosto 2006 Plutone è stato riclassificato e rimosso dall'elenco dei pianeti).

MERCURIO

Dimensioni Circa 0,38 volte il diametro della Terra (raggio all'Equatore di 2.440 km)

Massa Circa 0,055 volte la massa della Terra

Gravità alla superficie Circa 0,38 volte la gravità terrestre

Satelliti Nessuno

Distanza media dal Sole 0,39 in Unità Astronomiche (AU); 1 AU = distanza media della Terra dal Sole

Periodo orbitale Circa 88 giorni

Periodo di rotazione Circa 59 giorni

CHE ARIA TIRA LASSÙ?

L'orbita di Mercurio è la più vicina al Sole e il pianeta riceve quindi una grande quantità di energia: circa 6,7 volte quella che arriva sulla Terra per unità di superficie. Su Mercurio Kaguya-hime dovrebbe decisamente procurarsi una buona protezione solare, ma in realtà probabilmente prima brucerebbe e basta, visto che in superficie la temperatura può arrivare fino a 427°C.

A causa della scarsa gravità Mercurio non ha praticamente atmosfera e in superficie ci si trova praticamente nel vuoto. Anche per questo, Kaguya-hime si ustionerebbe all'istante se non indossasse una tuta spaziale perfettamente sigillata, con annessa unità di raffreddamento. La regione del Polo Nord pare contenere ghiaccio e in quelle zone probabilmente la temperatura crolla a circa 180°C sotto lo zero.

Se non fosse per l'ambiente estremamente caldo e inospitale, probabilmente Kaguya-hime si sentirebbe abbastanza a casa, perché la superficie di Mercurio consiste in gran parte di deserti e crateri, non molto diversi da quelli lunari.

VENERE

Dimensioni Circa 0,958 volte il diametro della Terra (raggio all'Equatore di 6.052 km)

Massa Circa 0,82 volte la massa della Terra

Gravità alla superficie Circa 0,91 volte la gravità terrestre

Satelliti Nessuno

Distanza media dal Sole 0,72 AU

Periodo orbitale Circa 255 giorni

Periodo di rotazione Circa 243 giorni

CHE ARIA TIRA LASSÙ?

Venere è il pianeta più vicino alla Terra e i due hanno parecchie cose in comune. Su Venere la gravità è praticamente uguale a quella terrestre e il pianeta possiede un'atmosfera, oltre a una certa attività vulcanica che diffonde nell'ambiente acido solfidrico, azoto e gas acidi solforosi.

Venere è ricoperto da spesse nubi composte di acido solforico concentrato e il principale componente dell'atmosfera (circa il 96%) è l'anidride carbonica. A causa dell'intenso effetto-serra, la temperatura alla superficie varia tra i 400 e i 500 gradi. Inoltre, la pressione atmosferica è circa 92 volte quella terrestre.

Un fatto marginale, ma curioso, è che Venere ruota in direzione opposta alla Terra, quindi il Sole sorge a ovest e tramonta a est.

MARTE

Dimensioni Circa 0,53 volte il diametro della Terra (raggio all'Equatore di 3.396 km)

Massa Circa 0,11 volte la massa della Terra

Gravità alla superficie Circa 0,38 volte la gravità terrestre

Satelliti Ne ha due: Phobos e Deimos

Distanza media dal Sole 1,52 Unità Astronomiche (AU)

Periodo orbitale Circa 687 giorni

Periodo di rotazione Circa 1 giorno

CHE ARIA TIRA LASSÙ?

La superficie di Marte è completamente deserta, con l'eccezione delle due calotte polari ricoperte di ghiaccio. Il pianeta possiede una tenue atmosfera di anidride carbonica, la più simile a quella terrestre tra tutti i pianeti del Sistema Solare, ed è stata confermata l'esistenza di acqua. La temperatura atmosferica può raggiungere un massimo di circa 20°C e Kaguya-hime potrebbe sicuramente sopravvivere con una tuta simile a quella delle missioni Apollo.

Anche la composizione geologica di Marte è simile a quella terrestre e poiché la durata delle giornate marziane è circa la stessa di quelle terrestri, i ritmi di un esploratore non ne verrebbero stravolti. Dei due satelliti, Phobos ruota attorno a Marte molto più velocemente e sorge e cala due volte ogni notte.

Su Marte si trova anche Olympus Mons, probabilmente la montagna più alta del Sistema Solare, con i suoi 25.000 m (circa tre volte il Monte Everest!). Su Marte si trova anche il più grande canyon del Sistema Solare e il territorio è ricco di pianure.

La superficie di Marte è spazzata da tornado violentissimi. Uno è stato fotografato dalla sonda *Mars Pathfinder*, lanciata dagli Stati Uniti nel 1996. Nel 2004 due veicoli-robot (*Opportunity* e *Spirit*) sono atterrati sul pianeta. Si tratta di mezzi della NASA che hanno effettuato scoperte importanti e inviato sulla Terra oltre 133.000 immagini della superficie del pianeta*.

---

* Volete vedere le fotografie e saperne di più su Opportunity e Spirit? Visitate il sito *http://marsrovers.jpl.nasa.gov/*

GIOVE

Dimensioni Circa 11,2 volte il diametro della Terra (raggio all'Equatore di 71.492 km)

Massa Circa 318 volte la massa della Terra

Gravità alla superficie Circa 2,37 volte la gravità terrestre

Satelliti Almeno 63

Distanza media dal Sole 5,2 AU

Periodo orbitale Circa 12 anni

Periodo di rotazione Circa 9 ore e 50 minuti

CHE ARIA TIRA LASSÙ?

Mercurio, Venere, la Terra e Marte sono composti principalmente di roccia e metalli, e vengono detti pianeti *terrestri*, mentre Giove e Saturno – composti principalmente di gas – sono chiamati *pianeti gioviani* (o *giganti gassosi*). La densità di Giove è solo 1/4 di quella terrestre e siccome è composto principalmente di idrogeno ed elio allo stato gassoso, il pianeta non possiede una "superficie" come quella terrestre. La parte centrale è costituita da un nucleo roccioso con un raggio che è circa 1/11 di quello del pianeta, mentre il resto è un ammasso di materiali liquidi o gassosi: in questo Giove differisce sensibilmente dalla tradizionale immagine di un pianeta. Ritrovarsi su Giove sarebbe qualcosa di molto simile ad attraversare una nuvola. La massa di Giove è oltre 300 volte quella della Terra e la sua gravità è oltre il doppio. Se Kaguya-hime vivesse su Giove, le sembrerebbe di trasportare oltre il doppio del proprio peso.

La caratteristica più spettacolare di Giove è la Grande Macchia Rossa: una colossale, persistente tempesta sulla superficie del pianeta. Fu scoperta dall'astronomo Robert Hooke nel 1664 grazie a uno dei primi telescopi. La Grande Macchia Rossa ha un diametro superiore a quello della Terra. Ancora oggi, non si sa esattamente il perché del suo colore.

Secondo alcuni scienziati, uno dei luoghi del Sistema Solare in cui è più probabile che si trovi la vita è Europa, una delle lune di Giove, grazie al calore generato dalle maree dei suoi oceani di acqua che si pensa si trovino sotto il mantello di ghiaccio. Negli oceani di Europa le condizioni potrebbero essere non troppo dissimili da quelle che catalizzarono la comparsa della vita sulla Terra. Dovremmo riuscire a osservare meglio Europa e gli altri satelliti di Giove grazie a una missione spaziale programmata per il 2020.

SATURNO

Dimensioni Circa 9,45 volte il diametro della Terra (raggio all'Equatore di 60.268 km)

Massa Circa 95,2 volte la massa della Terra

Gravità alla superficie Circa 0,94 volte la gravità terrestre

Satelliti Circa 200 osservati e almeno 62 con orbite certe

Distanza media dal Sole 9,55 AU

Periodo orbitale Circa 29,5 anni

Periodo di rotazione Circa 10 ore e 34 minuti

CHE ARIA TIRA LASSÙ?

Saturno è un pianeta gioviano composto principalmente di idrogeno ed elio allo stato gassoso e – come Giove – non ha una vera e propria superficie. Saturno ha una *gravità specifica* di 0,69. La gravità specifica è il rapporto tra la densità di una sostanza e quella di un'altra di riferimento, solitamente acqua. La bassa gravità specifica di Saturno significa che è abbastanza leggero da galleggiare nell'acqua! Ma poiché il suo volume è circa 800 volte quello della Terra, la gravità risultante è solo di poco inferiore.

Saturno è molto lontano dal Sole, che visto dal pianeta è grande 1/10 di quanto appare sulla Terra. Naturalmente la sua temperatura è molto bassa: mediamente si aggira intorno ai 130°C sotto zero e stranamente è più alta ai poli. Se, per esempio, Kaguya-hime vivesse là, vedrebbe i caratteristici anelli nei pressi dell'orizzonte e non in alto nel cielo. Saturno è il pianeta col maggior numero di satelliti e Kaguya-hime potrebbe partecipare a un sacco di feste di Otsukimi. Il giorno pero dura solo 10,5 ore quindi il mattino arriverebbe molto presto.

URANO

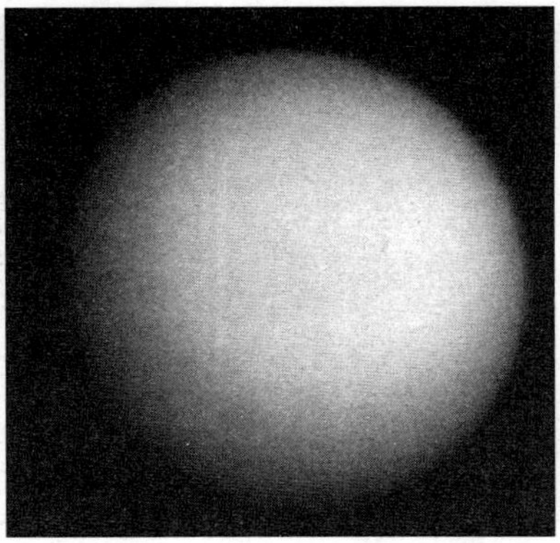

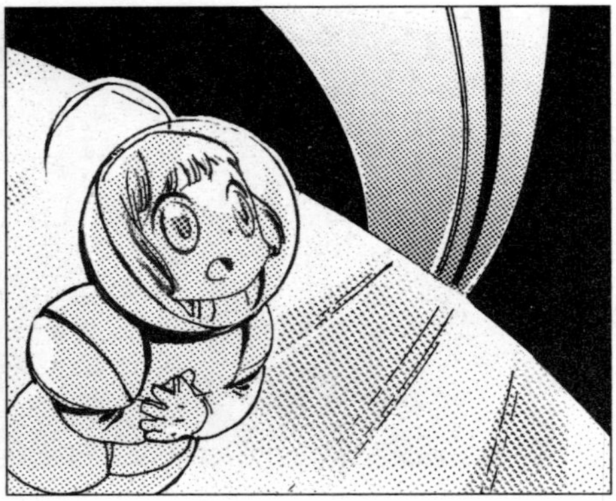

Dimensioni Circa 4,01 volte il diametro della Terra (raggio all'Equatore di 25.559 km)

Massa Circa 14,5 volte la massa della Terra

Gravità alla superficie Circa 0,89 volte la gravità terrestre

Satelliti Almeno 27

Distanza media dal Sole 19,2 AU

Periodo orbitale Circa 84 anni

Periodo di rotazione Circa 17 ore e 14 minuti

CHE ARIA TIRA LASSÙ?

Per le dimensioni e la posizione, Urano era stato classificato come un pianeta gioviano, ma in realtà è composto per la maggior parte di acqua congelata, metano e ammoniaca. Sarebbe quindi più preciso classificarlo come *gigante ghiacciato*. Urano ha un colore blu semitrasparente e la configurazione della superficie ricorda quella del Polo Sud della Terra. In ogni caso è un pianeta estremamente freddo, con temperature inferiori ai 200°C sotto lo zero.

Urano è dotato di anelli più sottili di quelli di Saturno. Possiede inoltre 27 satelliti e il cielo notturno dev'essere decisamente vivace.

La cosa più incredibile di Urano è che l'asse di rotazione è praticamente parallelo all'*eclittica* (cioè il piano di riferimento del Sistema Solare), mentre l'asse di rotazione degli altri pianeti è perpendicolare. In effetti, l'asse di Urano attraversa leggermente l'eclittica e, a seconda delle stagioni, il Polo Nord o il Polo Sud sono esposti quasi direttamente al Sole per tutta la giornata, mentre l'altro Polo resta nell'oscurità.

NETTUNO

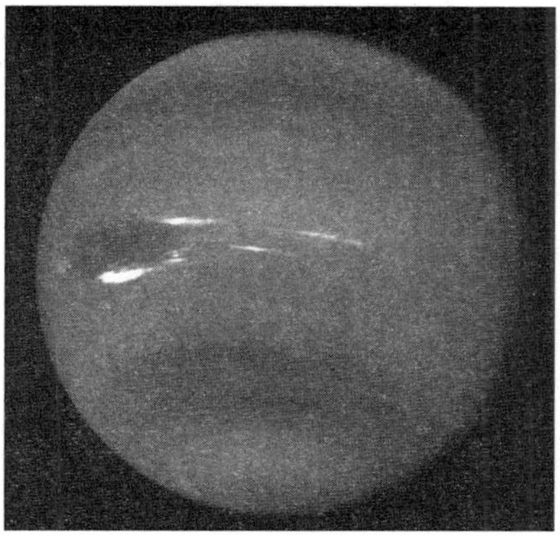

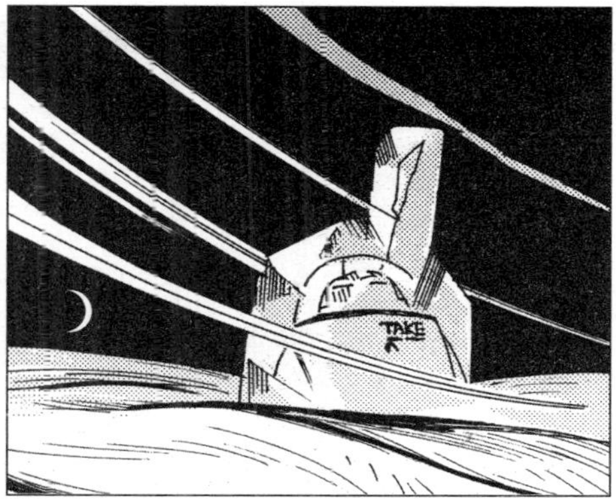

Dimensioni Circa 3,88 volte il diametro della Terra (raggio all'Equatore di 24.764 km)

Massa Circa 17,2 volte la massa della Terra

Gravità alla superficie Circa 1,11 volte la gravità terrestre

Satelliti Almeno 13

Distanza media dal Sole 30,1 AU

Periodo orbitale Circa 165 anni

Periodo di rotazione Circa 16 ore

CHE ARIA TIRA LASSÙ?

Il semiasse maggiore dell'orbita di Nettuno è lungo circa 30 volte quello della Terra, e poiché la quantità d'energia che raggiunge un oggetto è inversamente proporzionale al quadrato della distanza tra l'oggetto e l'origine dell'energia (in questo caso, il Sole), l'energia ricevuta da Nettuno è solo 1/900 di quella che giunge sulla Terra.

Nettuno è dotato di un'atmosfera densa il cui principale componente è l'idrogeno, spazzata inoltre da violente tempeste. Probabilmente è stata una di queste tempeste all'origine della Grande Macchia Scura, scoperta dalla sonda *Voyager 2*, che ha incrociato il pianeta nel 1989. Quando anni dopo fu il telescopio Hubble a effettuare delle osservazioni, la tempesta era scomparsa.

PLUTONE

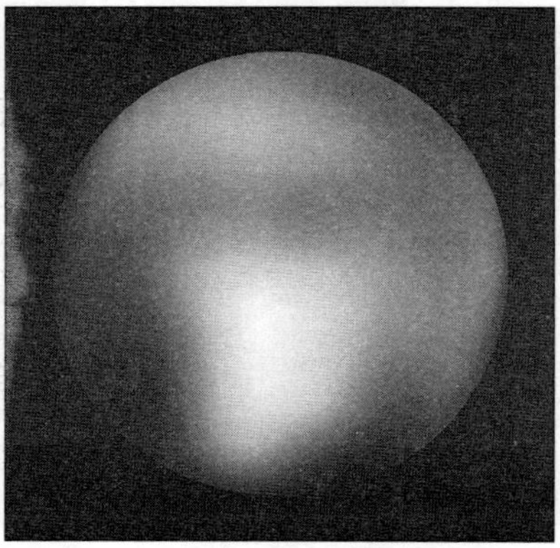

fonti: NASA, ESA e M. Buie (Southwest Research Institute)

Dimensioni Circa 0,18 volte il diametro della Terra (raggio all'Equatore di 1.197 km)

Massa Circa 0,0023 volte la massa della Terra

Gravità alla superficie Circa 0,07 volte la gravità terrestre

Satelliti Almeno 3

Distanza media dal Sole Approssimativamente tra 30 e 50 AU (la distanza varia così tanto perché l'orbita è estremamente eccentrica)

Periodo orbitale Circa 248 anni

Periodo di rotazione Circa 6,4 giorni

CHE ARIA TIRA LASSÙ?

Plutone è stato formalmente considerato il nono pianeta del Sistema Solare sin dalla sua scoperta nel 1930, a opera di Clyde Tombaugh, ma nel 2006, nel corso del convegno dell'International Astronomical Union (IAU) si è stabilito che non soddisfa la definizione di pianeta, e oggi è considerato un *pianeta nano*. In effetti, la sua orbita è molto diversa da quella degli altri pianeti ed il pianeta stesso ha poco in comune con Urano e Nettuno per dimensioni e struttura.

Le immagini di Plutone riprese dal telescopio Hubble suggeriscono che l'atmosfera si trasformi rapidamente nel tempo per *sublimazione*, il processo per cui un solido passa direttamente allo stato gassoso senza passare per quello liquido. L'atmosfera è comunque scarsa, le temperature sono estremamente basse (intorno ai 233°C sotto lo zero) e si tratta certamente di un ambiente ostile alla vita.

TERRA

Dimensioni Raggio all'Ecuatore di 6.378 km

Massa Circa 5,976 x 1024 kg

Gravità alla superficie 9,82 m/sec2

Satelliti 1

Distanza media dal Sole 1 AU (circa 149,6 milioni di km)

Periodo orbitale 1 anno (approssimativamente 365,35 giorni terrestri)

Periodo di rotazione 1 giorno terrestre (approssimativamente 24 ore)

CHE ARIA TIRA LASSÙ?

Il nostro pianeta viene spesso chiamato *Madre Terra*, ma 4,6 miliardi di anni fa – quando cominciò a formarsi – non era il tipo di ambiente in cui potesse prosperare la vita. La superficie era ricoperta dalla roccia fusa chiamata *magma* e l'acqua esisteva solo in forma gassosa (vapore acqueo). Inoltre, la pressione atmosferica era circa 300 volte superiore a quella odierna. Oggi Marte è un ambiente molto più compatibile con la vita di quanto fosse la Terra allora.

La Terra cominciò a ospitare la vita nelle forme a noi più famigliari più o meno 540 milioni di anni fa, all'inizio dell'era del Paleozoico, quando il numero delle specie cominciò a esplodere. Dal punto di vista dell'età del pianeta, si tratta di un passato abbastanza recente.

LUNA

Dimensioni Circa 0,27 volte il diametro della Terra (raggio all'Equatore di 1.738 km)

Massa Circa 0,012 volte la massa della Terra

Gravità alla superficie Circa 0,17 volte la gravità terrestre

Periodo orbitale Circa 27,3 giorni

Periodo di rotazione Circa 27,3 giorni

COM'È NATA LA LUNA?

Terra e Luna sembrano avere un rapporto madre-figlia. La Luna è composta di sostanze quasi identiche a quelle che si trovano nel manto terrestre. Per questo, in passato, una delle ipotesi degli astronomi era che, mentre la Terra si formava, la forza centrifuga dovuta alla rotazione potesse aver causato il distacco di un frammento. Si sarebbe trattato della Luna, e l'Oceano Pacifico sarebbe stato il vuoto lasciato dal distacco.

L'ipotesi è a suo modo plausibile, ma presenta diversi problemi. L'odierna velocità di rotazione della Terra non è certamente sufficiente a produrre la forza centrifuga necessaria: è impossibile che si sia staccato abbastanza materiale da formare la Luna mentre la Terra ruotava con una velocità compatibile con la formazione e la conservazione di un'atmosfera. Inoltre, non c'è traccia di un rallentamento della rotazione terrestre a distacco avvenuto.

Se approfondiamo ancora un po' l'argomento, scopriamo che il problema maggiore sono le dimensioni della Luna: il diametro (intenderemo sempre il diametro all'Equatore) è di circa 3.474 km, cioè più o meno 1/4 del diametro terrestre. È sproporzionatamente grande per un satellite ed è per questo che secondo alcuni astronomi il sistema Terra-Luna dovrebbe essere considerato un pianeta doppio.

Incidentalmente, anche se Ganimede (un satellite di Giove) è il più grande satellite del Sistema, il suo diametro è soltanto 1/27 del pianeta ospite. E il diametro di Titano, la più grande luna di Saturno, è circa 1/25 di quello del pianeta. Fatte quindi le debite proporzioni, la Luna sembra assurdamente grande: la teoria che un oggetto di queste dimensioni possa essersi staccato dalla Terra per la forza centrifuga dovuta alla rotazione terrestre non è plausibile.

FRATELLO E SORELLA? O NON C'È NESSUNA PARENTELA?

L'*ipotesi sorella* afferma che la Terra abbia assunto le dimensioni attuali per collisione e aggregazione di particelle di sostanze e gas disponibili durante la formazione del Sistema Solare. La Luna si sarebbe creata più o meno nello stesso periodo e sarebbe diventata un satellite più o meno per caso. Malauguratamente, Terra e Luna differiscono abbastanza in densità e composizione e ciò fa dubitare della teoria. Se fossero state create insieme, nella stessa area, dal medesimo materiale, è improbabile che oggi risulterebbero così diverse.

L'*ipotesi della cattura* risolverebbe facilmente i problemi dell'ipotesi sorella: la Luna si sarebbe avvicinata troppo alla Terra e sarebbe stata catturata dal suo campo gravitazionale. Esistono però due obiezioni principali a questa idea. La prima è che la Luna è troppo grande per essere stata catturata dalla gravità terrestre. La seconda è che nonostante la relativa diversità, densità e composizione dei due corpi restano troppo simili per rendere plausibile il fatto che si sarebbero evolute in maniera del tutto indipendente. Le somiglianze nella composizione di Terra e Luna sono state accertate dai reperti raccolti dalle missioni Apollo e da altri progetti di esplorazione spaziale.

LA COLLISIONE

Infine, c'è l'*ipotesi della collisione*, al momento la più gettonata. In questo scenario, un grosso corpo celeste si sarebbe schiantato sulla Terra poco dopo la sua formazione, più o meno 4,6 miliardi di anni fa. Valutando le energie in gioco, l'ipotetico corpo avrebbe potuto avere le dimensioni di Marte (quindi un diametro approssimativamente la metà di quello terrestre). Gli astronomi hanno battezzato questo ipotetico pianeta *Theia*. Certamente, si sarebbe trattato di un evento cataclismatico!

Dopo la collisione con un corpo grande la metà della Terra, questo si sarebbe disintegrato e naturalmente una grande quantità di materiale si sarebbe dispersa nello spazio, accorpandosi a poco a poco per formare la Luna. Questa ipotesi spiega sia le somiglianze tra la composizione della Terra e della Luna, sia perché la Luna sia così "grande" pur essendo un satellite, sia perché la Luna abbia cominciato a ruotare intorno alla Terra.

Inoltre, il fatto che elementi volatili come acqua, anidride carbonica, monossido di carbonio e altri siano esauriti sulla Luna, è spiegabile con la dispersione successiva alla collisione. Per questi motivi l'ipotesi è attualmente quella più accreditata, anche se una prova decisiva non è ancora stata trovata.

NON È POI COSÌ MALE SE LA LUNA È GRANDE E GROSSA

Rimandiamo per ora la questione sulla grande collisione a quando avremo più dati raccolti da future missioni lunari. Concentriamoci piuttosto sull'influenza che le dimensioni della Luna hanno sulla Terra.

Per cominciare, il grande piacere che proviamo al suo apparire a una festa dell'Otsukimi è dovuto senza ombra di dubbio alla sua visibilità. Tutti i satelliti del Sistema Solare, compreso Ganimede, visti dai rispettivi pianeti ospiti appaiono non più grandi della metà della Luna.

Anche il fenomeno davvero clamoroso del flusso e del riflusso delle maree è dovuto alla presenza di un satellite così massiccio. La distanza tra la Terra e la Luna è di poco meno di 380.000 km, cioè circa 30 volte il diametro della Terra (v. l'illustrazione in scala).

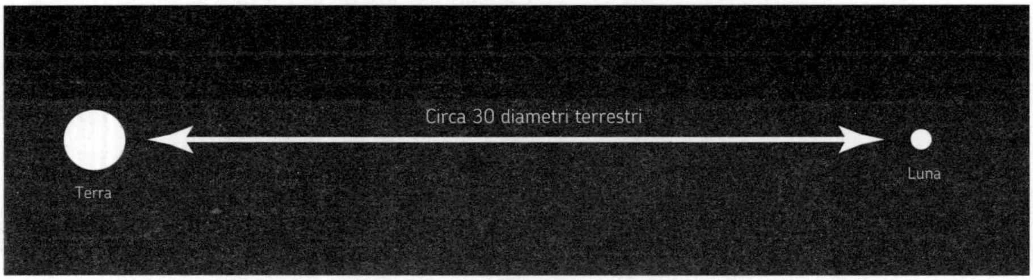

Modello della distanza tra la Terra e la Luna.

L'influenza gravitazionale della Luna provoca le maree, ed è a causa loro che nelle creature marine si sono sviluppati molti altri cicli regolari, che l'umanità ha imparato a sfruttare ai fini della pesca: un esempio tipico è la pesca in bassa marea.

I flussi e i riflussi delle maree sono inoltre all'origine di cambiamenti negli scenari naturali che siamo abituati a considerare esteticamente gradevoli. Se davvero questo è il risultato di un colossale impatto spaziale, in fondo dovremmo esserne soddisfatti, non vi pare?

IL SOLE

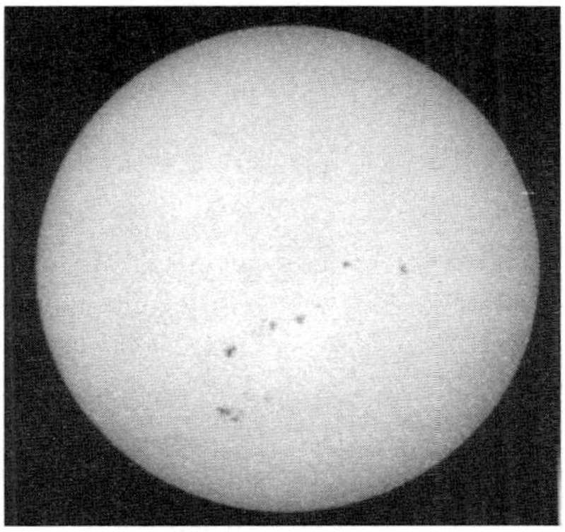

Dimensioni Circa 109 volte il diametro della Terra (raggio all'Equatore di 696.000 km)

Massa Circa 332.946 volte la massa della Terra

Gravità alla superficie Circa 28,01 volte la gravità terrestre

Volume Circa 1.300.000 volte quello della Terra

CHE ARIA TIRA LASSÙ?

Quel Sole che brilla nel cielo è il corpo celeste di cui avvertiamo maggiormente la presenza. Ma quanto è grande, veramente?

Per cominciare, la sua massa costituisce il 99,9% del Sistema Solare. In altre parole, pianeti come la Terra, Giove e tutti gli altri che gli ruotano attorno, insieme a tutti i corpi minori, sono praticamente solo un dettaglio, con quel loro 1/1000 complessivo, rispetto al Sole.

Il Sole dista all'incirca 150.000.000 km dalla Terra. La maggiore velocità raggiungibile da uno Space Shuttle è di circa 28.000 km/h e occorrerebbero quindi circa quasi 7,5 mesi a tutta velocità per raggiungerlo. Se un normale jet di linea potesse volare nello spazio, impiegherebbe circa 20 anni.

Naturalmente è un'ottima cosa che il Sole sia così lontano: la temperatura giornaliera di Mercurio – che si trova a meno di 1/4 della distanza della Terra dal Sole – supera i 400°C. La quantità di energia che raggiunge la Terra equivale a quella generata da 200 milioni di centrali nucleari (con una potenza media di 100 megawatt ciascuna).

COME COMBUSTIBILE IL SOLE BRUCIA IDROGENO

Abbiamo accennato al diametro del Sole, ma il Sole differisce dai pianeti simili alla Terra in un aspetto cruciale: non possiede una superficie solida. È una stella con un periodo di rotazione di circa 25 giorni all'Equatore e di 36 giorni in prossimità dei Poli e, come la maggior parte delle altre stelle, è composta da plasma.

Il plasma è uno stato della materia in cui i gas che compongono il Sole sono ionizzati (posseggono elettroni in più o in meno, e sono quindi elettricamente carichi) e vengono tenuti insieme dalla colossale gravità del Sole.

Il nucleo, che si trova al centro della stella, è sottoposto a pressioni elevatissime (tra i 200 e i 250 miliardi di volte la pressione atmosferica della Terra) a causa della gravità prodotta dalla massa del Sole, che è 330.000 volte quella della Terra. È la pressione elevata a innescare le reazioni di fusione nucleare, che producono atomi pesanti a partire da atomi leggeri (per esempio, l'elio dall'idrogeno).

In queste reazioni di fusione, sei protoni interagiscono per produrre alla fine un atomo di elio, un neutrino, due protoni e una grande quantità di energia sotto forma di raggi gamma. Sono loro la sorgente di energia del Sole e quindi della Terra. L'energia del Sole crea inoltre attorno al nucleo una zona radiativa e i gas al di sopra di quella fascia creano a loro volta una zona convettiva. Quando guardiamo il Sole, quello che vediamo è in realtà un sottile strato opaco chiamato fotosfera, con una temperatura di circa 5.304°C. È nella fotosfera che nascono le macchie solari, zone più fredde della superficie circostante e che appaiono quindi più scure.

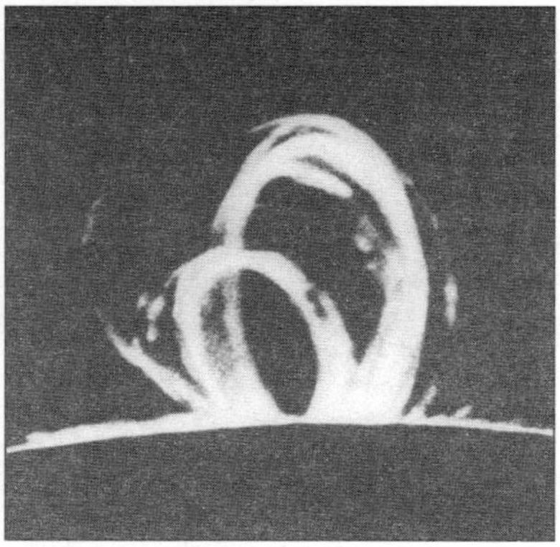

Un colossale anello di plasma, lungo fino a 28 volte il diametro della Terra.

Attorno alla fotosfera c'è la vera e propria atmosfera del Sole, composta dallo strato più freddo, la cromosfera. La corona è la parte più esterna e per motivi che abbiamo cominciato a capire solo negli ultimi anni è più calda della superficie di milioni di gradi.

La corona solare.

L'idrogeno nel nucleo del Sole è il carburante e alla fine sarà consumato interamente. Secondo i calcoli la vita del Sole sarà complessivamente di circa 10 miliardi di anni. L'età della Terra è di almeno 4,6 miliardi di anni e il Sole non può essere più giovane. Dovrebbe quindi continuare a brillare per altri 5 miliardi di anni.

IL SOLE È FATTO DI STELLE RICICLATE?

La formazione di una stella come il Sole ha inizio quando, nel vuoto dello spazio, gas, plasma e polveri iniziano ad accumularsi in una nube. Questa sorta di *nube molecolare* è tenuta insieme in uno stato di *equilibrio idrostatico* per cui la forza gravitazionale di un volume di gas viene controbilanciata dalle forze "esterne" della pressione. Quando la nube diventa più grande (per collisione e scontri con altre nubi, o un aumento della pressione per l'esplosione di una stella vicina), subisce un collasso gravitazionale, iniziando a configurarsi come una sfera di gas in rotazione.

L'aumento della temperatura e della pressione del gas produce una reazione di fusione termonucleare: una reazione ad altissima energia nella quale due o più nuclei leggeri si fondono a formare un nucleo più pesante. La fusione dell'idrogeno all'interno del

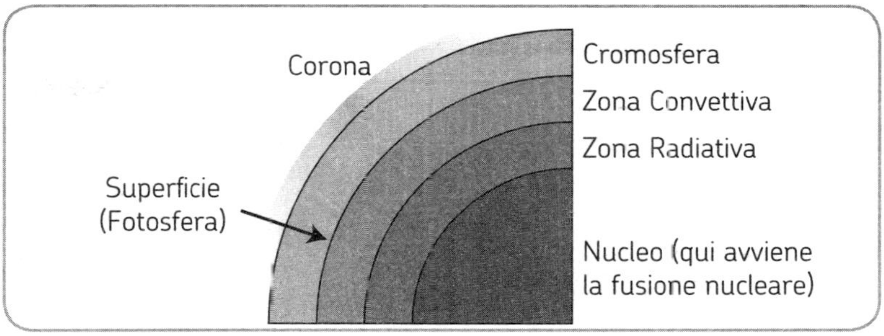

La struttura interna del Sole.

nucleo della stella produce anche forme più pesanti dell'idrogeno, che a loro volta possono fondersi in isotopi dell'elio. Queste reazioni producono l'energia e la luce che dal Sole ci raggiunge ogni giorno.

L'idrogeno e l'elio sono gli elementi più abbondanti nell'Universo e possiamo quindi supporre che tutte le stelle siano composte di queste sostanze. L'analisi spettrale del Sole, però, ha verificato l'esistenza di elementi più pesanti come ferro, oro e uranio. Com'è possibile?

La vita di una stella è una perenne battaglia contro la gravità. Le forze gravitazionali prodotte dalla massa stellare cercano di fare collassare la stella, producendo una pressione che alla fine induce le reazioni di fusione che abbiamo descritto. Questo a sua volta produce una *pressione di radiazione* che bilancia la forza gravitazionale, mantiene la stella in equilibrio idrostatico e impedisce un collasso ulteriore. Ciò che avviene quando il carburante-idrogeno della stella comincia a esaurirsi dipende dalla massa della stella.

Stelle di massa simile al Sole attraverseranno una fase di espansione durante la quale bruceranno idrogeno nelle regioni che circondano il nucleo, ormai composto solo di elio. In seguito, riusciranno a bruciare elio per un po', per poi trasformarsi in una stella piccola e densa che diventerà rapidamente sempre più fredda.

Stelle più massicce del Sole possono invece proseguire nel fondere elementi sempre più pesanti per alimentare l'equilibrio. Alla fine, queste stelle di grande massa assomigliano a una cipolla, con lo strato più esterno formato da idrogeno e quello più interno da ferro.

Fondere il ferro richiede più energia di quella che produce e ben presto l'equilibrio salta, la gravità ha la meglio e fa collassare il nucleo, fino a un'esplosione stellare di energia detta *supernova*. Una supernova può irradiare tanta energia, se non di più, di quanta ne irradierà il Sole nel corso di tutta la sua vita, e spesso oscurare la galassia stessa in cui si trova. L'esplosione che produce una supernova crea anche elementi più pesanti del ferro e li espelle nello spazio circostante, "seminando" nuove nubi molecolari.

Si pensa che il Sole sia nato da materia interstellare proprio in seguito a un'esplosione di questo tipo: i resti di un'antica stella. Questo spiegherebbe la presenza di elementi più pesanti dell'idrogeno come oro, uranio e così via. In effetti, tutti questi elementi pesanti – ovunque nell'Universo, e nei nostri stessi corpi – sono stati creati all'interno di una stella o dalla morte esplosiva di una stella. Quindi non solo il Sole è una stella "riciclata", ma noi stessi siamo composti da polveri riciclate.

BE', ORA SAPPIAMO CHE NEL SISTEMA SOLARE NON C'È NESSUN ALTRO POSTO IN CUI POTREBBE VIVERE!
ARGH!
L'AMBIENTAZIONE È CRUCIALE, MA NON SAPPIAMO DOVE METTERLA!
UH...
E SE VENISSE DALLA VIA LATTEA?
OH, SÌ! È COSÌ ROMANTICO!
ALLORA...
MENTRE UN'ANZIANA DONNA STAVA LAVANDO I PANNI NELLA VIA LATTEA, VIDE GALLEGGIARE UNA CANNA DI BAMBÙ...
KAGUYA-HIME EMERSE DAL BAMBÙ E SCACCIÒ I DEMONI, COSÌ CHE L'ANZIANO E L'ANZIANA VISSERO FELICI E...
ALT!

QUESTA È LA STORIA DI MOMOTARO!
E CHE C'ENTRA LA VECCHIA CHE RISCIACQUA I PANNI NELLA VIA LATTEA?!
NON VOGLIO FARE IL DEMONE!
NON AVREI MAI DOVUTO CHIEDERE A KANNA!
IO DIVENTO MATTA A PENSARE UNA STORIA E...
UN DEMONE...
A PROPOSITO DI VIA LATTEA, MI CHIEDO PERCHÉ ABBIA QUELLA FORMA.
BE', È PERCHÉ... UH...
OH! HO CAPITO! DEV'ESSERE PERCHÉ TUTTE LE STELLE SI CONCENTRANO LÀ!
ASSOMIGLIA A UNA CINTURA.
FLIP FLIP
ARRRGH!
CHE COSA FARÒ?

NON È VERO!
VI SBAGLIATE DI GROSSO!
HAI DI NUOVO DELLE IDEE BALORDE, KANNA...
SLAM
EHI! CHE COSA CI FAI QUI?
QUESTA È LA STANZA DEGLI OSPITI DEL NOSTRO TEMPIO!
È DOVE ALLOGGERÒ GRATUITAMENTE DURANTE IL MIO SOGGIORNO.
LA MAMMA MI HA DETTO DI PORTARVI QUALCHE SPUNTINO.
WOW... "LE MEZZELUNE DOLCI"!
SIGH
COSA C'ERA DI BALORDO NELLA MIA IDEA?
UH?
TIENI! PER TE!

L'AGGREGATO DI STELLE NOTO COME *VIA LATTEA* È ANCHE UNA *GALASSIA.*
E IL NOSTRO SISTEMA SOLARE SI TROVA ALL'INTERNO DI QUESTA GALASSIA A FORMA DI DISCO.
LE STELLE ALL'INTERNO DEL DISCO CI APPAIONO DISTRIBUITE PIÙ DENSAMENTE PERCHÉ CI SIAMO IN MEZZO.
QUESTA È LA VIA LATTEA.
LA VIA LATTEA, EH?
SEMBRA BUONA.
PER UN'INGORDA COME TE ANCHE LE STELLE VANNO BENE, PUR DI MANGIARE.
LE MIE MEZZELUNE!
E ADESSO? AAAHHH! SONO STUFA!
STUFA TU? SEI UN'INGORDA!
LE MIE MEZZELUNE! SIGH...

NON È UN PO' STRANO QUELLO CHE HAI DETTO PRIMA?
SPLIT
CHE COSA?
DAGLIELO INTERO, IL DOLCETTO, GOLOSASTRA
SNIFF
ECCONE MEZZA
MA...
QUINDI NOI SIAMO ALL'INTERNO DELLA GALASSIA, GIUSTO?
AH... È DAVVERO MOLTO LATTEA.
MA POICHÉ LA VIA LATTEA CI APPARE ANCHE SOPRA LA TESTA...
...ALLA FINE CADREMO DALLA TERRA, DICO BENE?
SEI UN'IMBECILLE!
AAAH
SPIEGAMELO TU, INTELLIGENTONE!
PERCHÉ PARLI DI "SU" E "GIÙ" NELLO SPAZIO?!
E POI LA TERRA NON È AL CENTRO DELLA GALASSIA!
MI ARRENDO, IMBECILLE!

NELLO SPAZIO NON CI SONO "SU" E "GIÙ"?
NO, NON CI SONO!
COME PENSI CHE FUNZIONI LA GRAVITÀ?
MA IL LICEO LO STAI FACENDO O NO, KANNA?
CHI... LEI?
HA PASSATO L'ESAME D'AMMISSIONE TIRANDO A INDOVINARE!
MMM... È UN PO' CHE NON SCELGO "B"...
BE', ERA UN TEST A RISPOSTA MULTIPLA, NO?
EH EH EH
SE TI AFFIDI AL CASO PER SPIEGARE I FENOMENI SCIENTIFICI...
SEI UNA COMPLETA IMBECILLE!
SEI TREMENDO!
È UNA BUGIA! OH, CHE BESTIA CHE SEI!
UH... NON STAVAMO PARLANDO DELLA VIA LATTEA?

LE DIMENSIONI DELLA VIA LATTEA

COME SAPETE, L'UNITÀ ASTRONOMICA (AU) È LA DISTANZA MEDIA TRA LA TERRA E IL SOLE.
1 UNITÀ ASTRONOMICA (AU)
IL RAGGIO ORBITALE DI NETTUNO, IL PIANETA PIÙ ESTERNO, È ALL'INCIRCA DI 30 AU.
NETTUNO
TERRA
SOLE
29
1
CIOÈ 30 VOLTE LA DISTANZA TRA LA TERRA E IL SOLE.
FORSE È PIÙ FACILE DA CAPIRE SE LO CONFRONTIAMO CON QUALCOSA.
BE', QUINDI IL DIAMETRO DEL SISTEMA SOLARE SAREBBE DI 30X2=60 AU?
NUBE DI OORT
SOLE E PIANETI
NO. NELLA NUBE DI OORT VANNO A SPASSO PIÙ DI MILLE MILIARDI DI COMETE, FINO A UNA DISTANZA DI CIRCA 1,6 ANNI-LUCE DAL SOLE.
L'EFFETTIVO DIAMETRO DEL SISTEMA SOLARE È PERTANTO DI 3,2 ANNI-LUCE, O ALL'INCIRCA 200.000 AU.
POICHÉ IL SISTEMA SOLARE SI ESTENDE PER 3,2 ANNI-LUCE E LA GALASSIA MISURA 100.000 ANNI-LUCE...
...LA GALASSIA È CIRCA 30.000 VOLTE PIÙ GRANDE!
CHE MI DICI ORA? ADESSO SAI QUANTO È GRANDE LA GALASSIA!
KANNA!
OKAY, HAI CHIARITO LE SCALE... E ALLORA?

CHE COSA C'È AL CENTRO DELLA GALASSIA?

UN NUMERO ABBASTANZA APPROSSIMATIVO, EH?
L'UNIVERSO È ANCORA PIENO DI MISTERI...
ANCHE SE LA SCIENZA HA FATTO SCOPERTE INCREDIBILI, IN REALTÀ SAPPIAMO ABBASTANZA POCO, NON TROVI?
AL CONTRARIO!
CONTINUIAMO A SCOPRIRE NUOVI MISTERI PERCHÉ LE TECNICHE DI OSSERVAZIONE CONTINUANO A PROGREDIRE.
PER ESEMPIO, SE STIMASSIMO LA MASSA TOTALE DELLA GALASSIA SOLTANTO DA CIÒ CHE RIUSCIAMO A OSSERVARE DIRETTAMENTE, CIOÈ I CORPI CELESTI IDENTIFICABILI, IL RISULTATO SAREBBE DI GRAN LUNGA INFERIORE A QUELLO VERO. SAPPIAMO CHE C'È DELL'ALTRO PERCHÉ OSSERVIAMO L'INFLUENZA SULLA MATERIA VISIBILE DELLA GRAVITÀ ESERCITATA DA QUALCOSA CHE NON VEDIAMO. LA GALASSIA PERTANTO DEVE COMPRENDERE ANCHE MATERIA NON VISIBILE, CHE CHIAMIAMO MATERIA OSCURA, PERCHÉ NON EMETTE LUCE OSSERVABILE DIRETTAMENTE.
IN OGNI CASO, PIÙ APPROFONDIAMO LE NOSTRE RICERCHE PIÙ TROVIAMO DEI MISTERI. È QUESTO IL FASCINO E LA BELLEZZA DELL'ASTRONOMIA...
O PER DIRLA IN ALTRI TERMINI...
ECCO A VOI CINQUE PIÙ GRANDI MISTERI DELLA GALASSIA CHE ANCORA NON SAPPIAMO SPIEGARE!

I CINQUE PIÙ GRANDI MISTERI DELLA GALASSIA CHE ANCORA NON SAPPIAMO SPIEGARE

Astronomi e astrofisici stanno ancora esplorando il sistema solare e la galassia.

CHE FORMA HA LA GALASSIA E PERCHÉ?

La Via Lattea è stata a lungo considerata una galassia a spirale. Dopo un'attenta analisi dei dati dello Spitzer Space Telescope, lanciato dalla NASA nel 2003, gli astronomi USA hanno concluso che il centro della Via Lattea è attraversato da una struttura a "barra" lunga circa 27.000 anni-luce. Una galassia a spirale barrata è una galassia a spirale le cui volute sono state "spostate" agli estremi di una fascia di materiale stellare e interstellare che ne attraversa il centro.

Pertanto, l'opinione oggi prevalente è che la Via Lattea sia una galassia a spirale barrata e secondo ricerche recenti questa struttura potrebbe essere un indicatore della maturità della galassia. In ogni caso, ancora non sappiamo veramente come si siano formati i vari tipi di galassia.

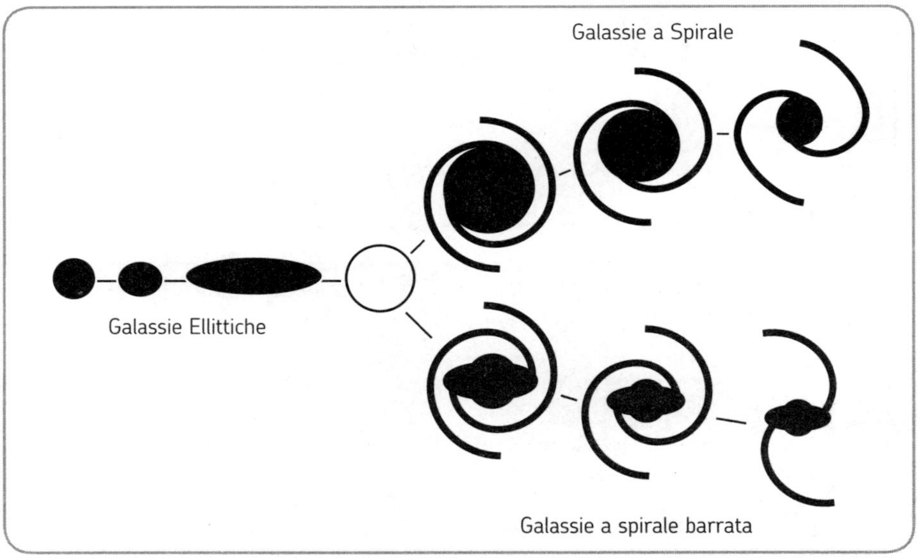

Tipi di galassie.

CHE COSA C'È AL CENTRO?

Una risposta definitiva ancora non c'è. La densità di stelle e materia aumenta procedendo verso il nucleo galattico, e guardando nella direzione del centro della Via Lattea gli astronomi hanno notato una forte emissione di onde radio. Inoltre, il moto delle stelle circostanti il centro galattico fa dedurre la presenza di una grande quantità di massa, oltre 4 milioni di volte più grande di quella del Sole, concentrata in una regione molto ristretta, di solo 45 AU! Insomma, al centro della Via Lattea sembra esserci un qualche tipo di corpo estremamente massiccio, ma anche piccolo. Che cosa? Al momento, l'unica risposta plausibile è: un buco nero.

Un *buco nero* è una regione dello spaziotempo dove la forza di gravità è talmente forte che neppure la luce può uscirne. Secondo alcuni scienziati, al centro della galassia si trova proprio un buco nero.

COME SI SONO FORMATI I BUCHI NERI SUPER-MASSIVI?

Esistono buchi neri relativamente piccoli, circa della stessa massa di una stella, ma uno come quello ipotizzato al centro della galassia dovrebbe avere una massa che va da alcuni milioni a centinaia di milioni di volte quella del Sole. Ancora non sappiamo come e perché si siano formati oggetti tanto massicci.

Si pensa che un buco nero di massa stellare sia formato dai resti di una stella: quando una stella almeno 20 volte più grande del Sole diventa una supernova ed esplode, il nucleo residuo continua a essere compresso dal collasso gravitazionale e forma un buco nero. Sembra ragionevole che la coalescenza (cioè l'unione) di buchi neri più piccoli o di altri corpi celesti possa produrre un buco nero di dimensioni maggiori.

Questi buchi neri di dimensione intermedia (ISBH: Intermediate-Sized Black Holes) non sono ancora stati osservati e quindi ancora non sappiamo con sicurezza quale potrebbe essere il meccanismo che porta alla loro formazione. Con un po' di fortuna, potrebbe non mancare molto: esistono sorgenti di raggi X da galassie vicine che potrebbero essere dei promettenti ISBH, la cui esistenza, in ogni caso, non potrà essere confermata prima di una stima della massa attraverso l'effetto gravitazionale che l'ISBH avrebbe sui corpi vicini.

DI CHE COSA È FATTA LA GALASSIA?

Come abbiamo visto, la massa della Via Lattea è stimata tra 600 e 1000 miliardi di masse solari equivalenti, ma tutta la materia direttamente osservabile con i telescopi e i radiotelescopi non arriva al 10% di questa quantità. Lo stesso vale per le altre galassie e formazioni interstellari, tanto che secondo gli astronomi la materia oscura non osservabile direttamente costituirebbe oltre il 90% dell'Universo.

Le ipotesi su cosa possa essere la materia oscura vanno dai *neutrini* (una particella elementare) a una qualche particella ancora sconosciuta, ai buchi neri. Scoprire la natura della materia oscura varrebbe sicuramente un Premio Nobel!

Incidentalmente, è sconosciuta anche la natura di oltre il 70% dell'energia dell'Universo, che chiamiamo quindi *energia oscura*.

CHE COSA SUCCEDERÀ QUANDO LA VIA LATTEA ENTRERÀ IN COLLISIONE CON LA GALASSIA DI ANDROMEDA?

La galassia di Andromeda è la più vicina alla Via Lattea e sappiamo che si avvicina alla velocità di 100 km/s. Al momento dista circa 2,52 anni-luce e a questa velocità le due galassie dovrebbero scontrarsi tra 7-8 miliardi di anni. Non è ben chiaro cosa succederà...

Naturalmente, all'interno delle galassie i singoli corpi celesti sono separati da grandi distanze* e anche se una vera e propria collisione tra stelle appare improbabile, non si può escludere che possa accadere e al proposito sono state fatte diverse previsioni. Tra i vari scenari, c'è quello di una nuova galassia che emergerebbe dalla fusione delle due, con effetti gravitazionali di proporzioni colossali.

* La stella più vicina alla Terra è Proxima Centauri, che dista 4,2 anni-luce (circa 40.000 miliardi di chilometri).

LA VIA LATTEA È SOLO UNA GALASSIA TRA LE TANTE

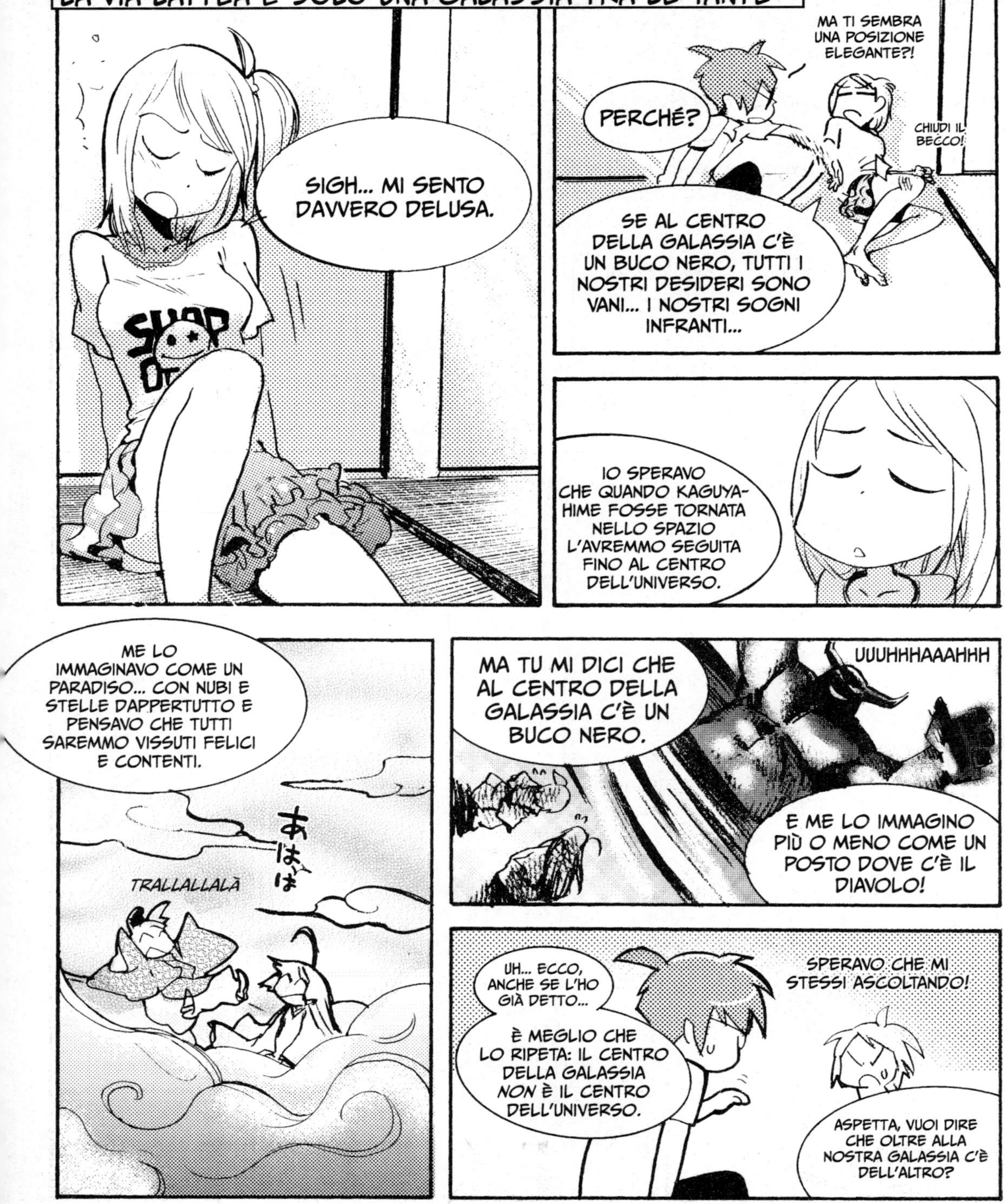

UH?!
SÌ... E ANCHE MOLTO ALTRO! L'UNIVERSO CONTIENE UN SACCO DI GALASSIE.
LE STELLE SONO RACCOLTE IN GALASSIE, CHE A LORO VOLTA S RAGGRUPPANO IN AGGLOMERATI, CHE A LORO VOLTA FORMANO AMMASSI E SUPERAMMASSI DI GALASSIE.
CHI SARÀ IL NEMICO FINALE? PORTATEMELO!
VUOI DIRE CHE, CADUTO UN CAPO, CI SARÀ SEMPRE UN AVVERSARIO PIÙ FORTE ANCORA, EH?
PIANTALA DI DIRE SCIOCCHEZZE E STAI ATTENTA!
あ〜あ
STO PARLANDO DELL'UNIVERSO!
COSA DIAVOLO STAI DICENDO?

E IO STO PARLANDO DELLA NOSTRA RAPPRESENTAZIONE!
TU PARLI SOLO PERCHÉ TI PIACE ASCOLTARTI!
BAH! E TU MI PARLI DI UN VECCHIO CHE SE NE VA NELLO SPAZIO CON KAGUYA-HIME... SCIOCCHEZZE INVENTATE SUL MOMENTO!
STIAMO RISTRUTTURANDO LA STORIA! POSSIAMO DIRE QUELLO CHE CI PARE!
DIREI PROPRIO CHE QUEI DUE STANNO AVENDO UNA DISCUSSIONE, EH?
DI QUESTO PASSO NON FINIREMO MAI LA SCENEGGIATURA.
BAM!
POW!
GAAAHHH!
UUUHHH
MUNCH MUNCH
FRUSC
VOI DUE...
COSA?
CHE COSA VUOI?
CO...?

STO LAVORANDO ALLA SCENEGGIATURA, OKAY?
MA CON TUTTO QUESTO RUMORE NON RIESCO A CONCENTRARMI. ED È UN GROSSO PROBLEMA, CHIARO?
UH...? OH!
POTRESTE FARE SILENZIO, PER FAVORE?
SORRISETTO DOLCE
ARGH! HA SORRISO!
S-SÌ, C-CERTO!
SLAM!
QUANDO SI ARRABBIA YAMANE METTE PAURA!
DAVVERO.
QUANDO LE VIENE IL BLOCCO DELLO SCRITTORE, NESSUNO È AL SICURO!
TU-TUMP
TU-TUMP
TU-TUMP

COS'ALTRO HAI DA DIRMI SULL'UNIVERSO...
...FRATELLO CARISSIMO?
UH... BE', L'UNIVERSO È STRUTTURATO PIÙ O MENO COME UNA RETE.
MA È TUTTO QUELLO CHE SO. DOVREMO TORNARE DAL MIO PROFESSORE.
GLORIA?
HAI RICEVUTO UN SMS?
カチ
カチ
SÌ! È DEL PROFESSOR TANUKI!
PON
VISTO?
UH?
VUOI DIRE... IL PROFESSOR SANUKI?
SANUKI, NON TANUKI!
UH?

BE', VISTO CHE DA SOLI NON RIUSCIAMO AD ANDARE MOLTO AVANTI, GLI HO CHIESTO SE POTESSE FARCI UN'ALTRA LEZIONE.
SU COSA?
SULLA GALASSIA!
Sarò felice di parlarvi della galassia. Vi aspetto domani al campo di calcio dell'Univers tà e mi raccomando, che Ms Kanna e Ms Gloria siano in tenuta adeguata per giocare!
Prof. Sanuki.
CALCIO?
CHE BELLO! A CALCIO SONO UN ASSO!
MI CHIAMAVANO LA PELÈ DEL LICEO KOUKI!
MA... QUALCUNO DOVRÀ DISTURBARE YAMANE!
OUCH! MI È VENUTO UN CRAMPO!
NON IO!

L'UNIVERSO SI STA INGRANDENDO

Sia i fautori della teoria geocentrica che quelli della teoria eliocentrica, nel XVI secolo pensavano che l'Universo consistesse della Terra, della Luna, del Sole e dei pianeti del Sistema Solare e infine delle stelle. Si pensava che le stelle fossero immobili, fissate alla volta celeste come lanterne appese a una parete sullo sfondo, a formare le diverse costellazioni, e che gli unici oggetti dotati di moto indipendente fossero i pianeti.

Ma Galileo Galilei intuì che questa visione dell'Universo poneva dei problemi. Costruì un proprio telescopio con cui ogni notte esplorava il cielo, finché nel 1609 scoprì che la Via Lattea era un raggruppamento di innumerevoli stelle.

La Via Lattea

Prima dell'avvento del telescopio, si pensava che la Via Lattea fosse una specie di nuvola o qualcosa che fluiva attraverso la sfera celeste. Secondo il filosofo greco Democrito (circa 460-370 a.C.) la Via Lattea era un insieme di stelle lontane: non è chiaro se fosse arrivato a questa conclusione tramite un qualche ragionamento logico o se avesse una vista straordinariamente buona. Possiamo però immaginare che abbia pensato qualcosa del genere: se la Via Lattea fosse una nube di gas o un fiume, posizione e forma cambierebbero nel tempo, ma questo, da quando viene osservata, non è mai successo, proprio come le costellazioni. Quindi viene naturale pensare che sia anch'essa un insieme di stelle.

Naturalmente, un'inferenza non dimostra una teoria scientifica, ma alla fine Galileo riuscì a vedere che era effettivamente così, circa 1.200 anni dopo Democrito.

COME MAI VEDIAMO LA VIA LATTEA?

Supponendo che la Via Lattea fosse composta di stelle, il passo successivo per gli scienziati doveva essere stabilirne la struttura. Sia Galileo che Keplero devono essere stati molto impegnati a confutare il modello geocentrico, perché alla fine non si occuparono della questione, quindi proviamo a pensarci noi, come se non avessimo altre nozioni oltre a quelle del tempo.

Ecco quindi quello che sappiamo: anche se la Via Lattea è un insieme di stelle, i singoli astri che ne fanno parte non risplendono abbastanza da distinguerle a occhio nudo. In questo senso, per noi la galassia è una specie di nuvola e le sue stelle sono più piccole, oppure molto più lontane, di qualsiasi altra stella che riusciamo a distinguere dalla Terra.

Dal punto di vista del senso comune, una teoria per la quale tante piccole stelle sono raggruppate in un unico luogo appare abbastanza improbabile. Non è per niente ovvio spiegare logicamente perché stelle in un determinato intervallo di dimensioni dovrebbero addensarsi tutte lungo una certa fascia.

Pertanto, dovremmo propendere per la teoria secondo la quale sarebbero più lontane delle altre dalla Terra e quindi cercare una buona idea su quale potrebbe essere la struttura della Via Lattea.

Innanzitutto, pensiamo al Sistema Solare come a una grande sfera all'interno di quella ancora più grande delle stelle fisse, a sua volta circondata dalla Via Lattea.

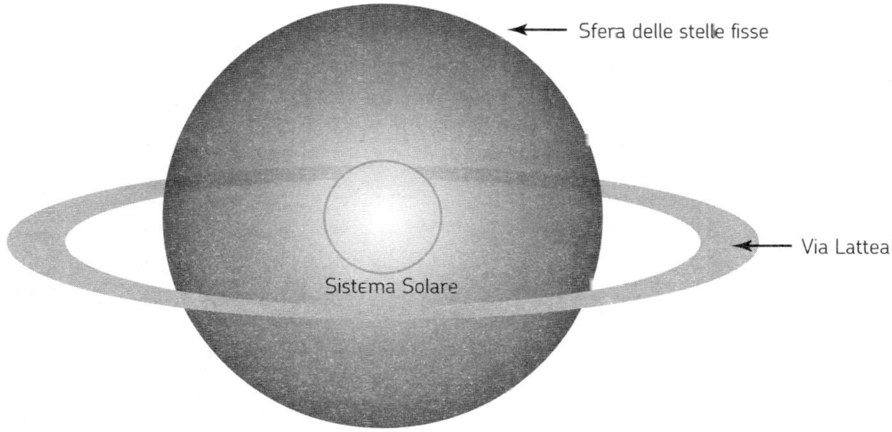

Un modello di fantasia della struttura della Via Lattea, basato su quanto possiamo vedere dalla Terra.

UN MODELLO DI GALASSIA A FORMA DI DISCO È IL PIÙ SEMPLICE DA IMMAGINARE

Vi era certamente chi credeva in questo modello dell'Universo, anche ai tempi di Galileo, ma con un po' d'attenzione intuiamo qualcosa di ancora meglio.

Il difetto maggiore è che la sfera delle stelle fisse e la Via Lattea sono separate e non è semplice spiegare perché le cose dovrebbero stare in questo modo.

Che cosa succede se cerchiamo di mettere insieme questi due tipi di stelle? Se uniamo la sfera delle stelle fisse alla Via Lattea, otteniamo una struttura a forma di disco, un flusso di stelle a forma di nastro che dovrebbe essere visibile sulla volta celeste. Cioè esattamente il modello di galassia che usiamo oggi.

Anche se la struttura mostrata in figura cominciò a precisarsi tra il XIX e il XX secolo (quasi 200 anni dopo Galileo) c'era già stato chi pensava che l'Universo avesse la forma di un disco.

Ecco alcune altre possibili ipotesi:

- visto che la Terra e il Sistema Solare ruotano, forse anche l'Universo è in rotazione;
- se per via della rotazione la materia si disperde, possiamo aspettarci che l'Universo assuma la forma di un disco.

Questa seconda ipotesi è più semplice da visualizzare e non è affatto irragionevole: è sostanzialmente la stessa cosa che capita quando si fa la pizza facendo roteare in aria l'impasto. Se la materia si sparge per via della rotazione, possiamo aspettarci che l'Universo assuma quella forma.

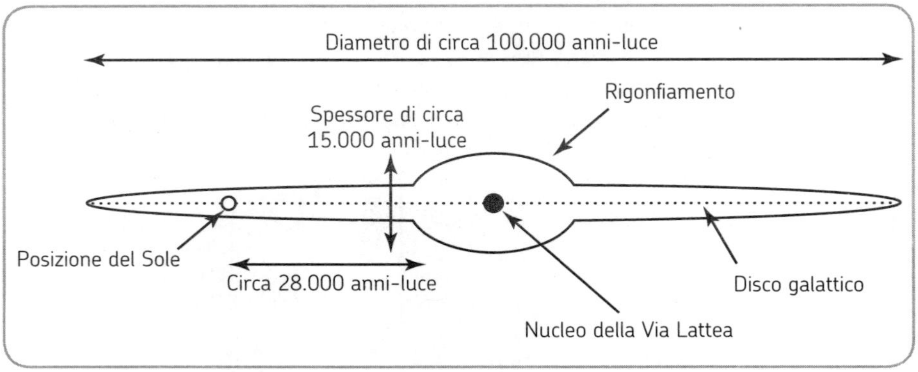

Il modello della Via Lattea attualmente accettato.

LE OSSERVAZIONI SCIENTIFICHE CONFERMANO IL MODELLO A DISCO

Finora abbiamo cercato di immaginare la struttura dell'Universo partendo dalle convinzioni di persone che sono vissute tra il XVII e il XIX secolo. Ci fu anche chi tentò di stabilire quale fosse questa forma a partire da osservazioni sperimentali, come l'astronomo di origine tedesca Frederick William Herschel (1738–1822).

Il suo metodo era estremamente semplice. Dal cielo osservabile campionava certe zone, che chiamava "blocchi", ciascuna delle quali rappresentava un'area pari a quella ricoperta approssimativamente da 1/4 della Luna. Col telescopio contò le stelle all'interno di 683 blocchi, fissati in diverse posizioni del cielo notturno. Si trattava soltanto dello 0,1% del cielo, ma oggi si pensa che la tecnica fosse statisticamente affidabile.

Il numero delle stelle visibili a occhio nudo nel cielo notturno dipende da moltissimi fattori: la posizione geografica, il periodo dell'anno, la vicinanza di una città, la presenza o meno della Luna, il grado di inquinamento e altri ancora. Le stelle si misurano con la cosiddetta scala delle *magnitudine apparente*: stelle molto fioche hanno una magnitudine elevata (le più fioche hanno magnitudine 20), mentre a quelle più brillanti viene assegnata una magnitudine bassa (-26 è la magnitudine del Sole, la stella più brillante a occhio nudo).

Gli esseri umani non possono vedere stelle di magnitudine superiore a 6 e il numero delle stelle di magnitudine non superiore a 6 è circa 8.600. Ma in totale, per l'intero pianeta! Se vi trovate a New York non potrete mai vedere le stelle del cielo giapponese! Nel "cielo medio" di Kanna, Yamane e Gloria (o per voi e i vostri amici) si trovano circa 2.000 stelle visibili a occhio nudo. In ogni caso, Herschel usava telescopi di sua invenzione e progettati da lui: naturalmente, usando strumenti ottici è possibile vedere stelle molto più fioche della magnitudine 6. Non sono rimasti documenti sul totale delle stelle contate da Herschel, ma erano certamente più di 10.000. Un lavoro davvero colossale.

Quando fissiamo la Via Lattea intuiamo che quell'ammasso di stelle deve avere una qualche struttura. Herschel fece uno sforzo sovrumano per contarle nel tentativo di mettere a fuoco questa struttura.

Nella maggior parte dei casi, in natura i contenuti dei raggruppamenti spontanei sono distribuiti in maniera omogenea e Herschel ipotizzò che così fosse anche per le stelle all'interno di un ammasso.

Supponendo inoltre che tutte le stelle avessero la medesima luminosità e che fossero distribuite in maniera omogenea nella galassia, concluse che più in un determinato blocco le stelle risultavano numerose e più dovessero essere lontane.

Proviamo a capire bene il perché grazie al celebre autoritratto di Van Gogh, che per dipingerlo utilizzò moltissimi segni di piccole dimensioni. Se vi metteste col quadro proprio davanti alla faccia, sareste in grado di cogliere i singoli punti, ben distinti tra loro. Fissandolo a distanza così ravvicinata, in ogni singolo centimetro quadrato del dipinto vedreste, in realtà, solo un piccolo numero di punti. Da lontano, a una certa distanza dalla parete, godreste invece di una vista d'insieme, anche se naturalmente sarebbe difficile distinguere un punto dall'altro. Analogamente, Herschel concludeva che più stelle riusciva a osservare nel suo "centimetro quadrato" di cielo e più quelle stesse dovevano trovarsi lontano da lui.

Il frutto degli sforzi colossali di Herschel fu il suo modello, rappresentato in figura.

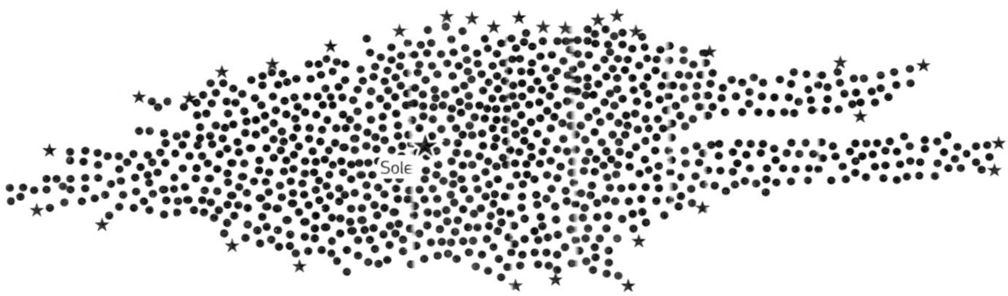

Il modello di Universo di Herschel.

In effetti, poiché non era stato possibile passare in rassegna porzioni di cielo nascoste da nubi e polveri, la forma risultante fu abbastanza singolare. Alla fine, Herschel concluse che la galassia doveva essere abbastanza piccola – circa 1/10 delle effettive dimensioni della Via Lattea – ma anche che doveva avere la forma di un disco e i suoi risultati costituiscono un contributo importante allo sviluppo della moderna cosmologia.

COME UN LAMPO UN'IDEA DI KANT AMPLIÒ LA PERCEZIONE DELL'UNIVERSO

Gli sforzi di Herschel produssero una consapevolezza soltanto vaga della forma della galassia, poiché – sbagliando – era convinto che il Sistema Solare si trovasse al centro e che le stelle osservabili dalla Terra (che oggi sappiamo fare parte della *nostra* galassia) costituissero la totalità dell'Universo. Questo gli impedì di prendere in considerazione un Universo più vasto e completo, ma non possiamo fargliene una colpa, visto che questo era il paradigma consolidato e condiviso dagli astronomi dell'epoca.

Però, all'incirca in quegli stessi anni, un'altra persona, da un punto di vista completamente diverso, andò molto vicino alla verità sull'Universo. Si trattava del celeberrimo filosofo tedesco Immanuel Kant (1728-1804).

Kant produsse una rivoluzione epistemologica rifiutando le concezioni degli empiristi dell'epoca, secondo cui tutta la conoscenza e i concetti manipolati dall'uomo emergevano dall'esperienza. Kant sostenne che i contenuti cognitivi prodotti dall'esperienza venissero elaborati intellettualmente consentendo di continuare a raccogliere ulteriori conoscenze e nuovi concetti, una posizione che viene considerata una sintesi tra razionalismo ed empirismo.

Kant rivolse inoltre le sue considerazioni all'Universo. Venne ben presto in contatto col modello della galassia "a forma di disco" e sostenne che sistemi come la Via Lattea sono visibili perché le stelle erano organizzate in strutture a forma di lente. Tra l'altro, non è escluso che Herschel ne fosse a conoscenza e potrebbe averne tratto ispirazione per il suo conteggio delle stelle nel tentativo di dimostrare sperimentalmente l'idea di Kant.

La maggior intuizione di Kant sulla struttura dell'Universo è la sua ipotesi che potesse contenere molti "universi isola", cioè sistemi (o ammassi) di stelle organizzate come isole nell'oceano. Le stelle osservate dall'umanità fino ad allora sarebbero quindi state semplicemente quelle dell'Universo isola chiamato Via Lattea, che insieme a infiniti altri costituiva l'Universo vero e proprio nel suo complesso.

Nella seconda metà del XVIII secolo, all'epoca di Kant, grazie ai progressi della tecnologia, furono scoperte molte altre strutture celesti non esplicitamente stellari. Furono chiamate "nebulose" perché risplendevano debolmente, come se fossero delle nuvole.

Per esempio, la Grande Nebulosa di Andromeda e la Grande e la Piccola Nube di Magellano, che oggi sono classificate come galassie, erano già note nell'antichità perché erano visibili persino a occhio nudo.

La Via Lattea venne considerata un insieme di stelle e grazie alla lungimirante teoria di Kant si poteva supporre che anche una nebulosa lo fosse.

IN QUALE MODO PROGREDÌ LA TECNOLOGIA PER EFFETTUARE OSSERVAZIONI?

La nostra visione dell'Universo è cambiata sviluppandosi nel tempo sulla base delle osservazioni, oltre che dei ragionamenti. I risultati astronomici conseguiti tra il XIX e il XX secolo, dopo il lavoro di Herschel, sono illustrati nel Capitolo 3. Questa sezione fornisce invece una breve rassegna delle tecnologie utilizzate attualmente nelle osservazioni.

Abbiamo già detto che i telescopi sono stati inventati nel XVII secolo e che lo stesso Galileo se ne costruì uno da solo, con cui effettuò le sue scoperte. Sorprendentemente – si trattava di uno strumento rudimentale – Galileo riuscì a osservare alcune delle stelle più tenui della Via Lattea, confermando quindi la teoria di Democrito. Nel 1612, l'astronomo tedesco Simon Marius osservò la Galassia di Andromeda (all'epoca chiamata "Grande Nebulosa di Andromeda") che nel cielo notturno compare a sinistra della Via Lattea, ma non si accorse che si trattava di un conglomerato di stelle. Se all'epoca avesse scoperto che aveva la stessa natura della Via Lattea, la struttura dell'Universo sarebbe stata chiarita molto prima.

---

* Va comunque riconosciuto che Kant elaborò idee già presenti in *An Original Theory or New Hypothesis of the Universe* (1750) di Thomas Wright. In quest'opera, precedente all'ipotesi di Kant, Wright ipotizzò che fossimo immersi "in una fascia appiattita di stelle".

Keplero era contemporaneo di Galileo e inventò un tipo di telescopio leggermente diverso. Il cannocchiale galileiano produce un'immagine "dritta", ma ingrandirla non è per niente semplice, mentre il telescopio di Keplero, pur producendo un'immagine rovesciata, aveva il vantaggio di non restringere il campo visivo (cioè la porzione di cielo osservabile), anche in presenza di un ingrandimento elevato. Pertanto fu questo telescopio a diventare lo strumento di riferimento per le osservazioni celesti, mentre quello di Galileo era più adatto per quelle terrestri.

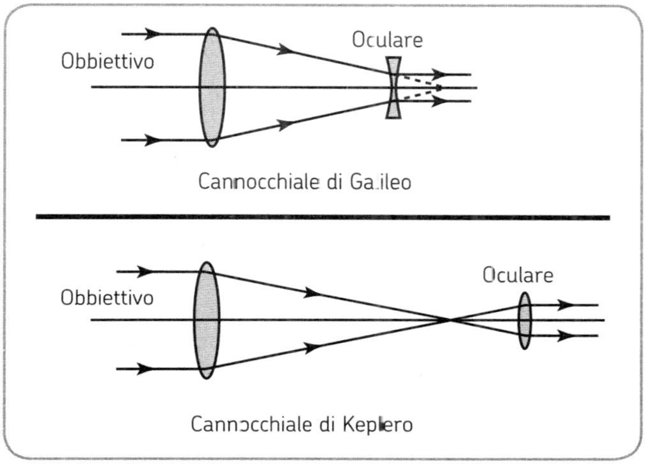

Due tipi di telescopio.

Indipendentemente dal tipo di telescopio, la tecnologia dell'epoca non permetteva la fabbricazione di lenti di grandi dimensioni e la risoluzione restava limitata. La risoluzione è la capacità dell'apparato di distinguere tra due punti ed è una delle prestazioni più importanti di un telescopio astronomico. La risoluzione può essere aumentata agendo sull'apertura del telescopio, cioè aumentando il diametro dell'apertura in cui è alloggiato l'obbiettivo (la lente che raccoglie la luce), e quindi la luce in ingresso. Peraltro, se la lente non viene fabbricata con grandissima precisione, una maggiore apertura potrebbe essere inutile, perché le lenti – specialmente quelle molto spesse – agiscono come un prisma, separando i colori. Per evitare questo effetto, gli astronomi del XVII e XVIII secolo costruirono telescopi estremamente lunghi, fino a 60 metri, che per essere installati e gestiti richiedevano strutture massicce.

Uno specchio è quindi un'ottima alternativa a delle lenti. I telescopi che raccolgono la luce attraverso uno specchio vengono detti Newtoniani e il primo fu inventato nel 1688. Anche se da allora sono stati apportati molti miglioramenti, l'idea di base è sempre quella ed è ancora in uso nei moderni telescopi (ottici) astronomici.

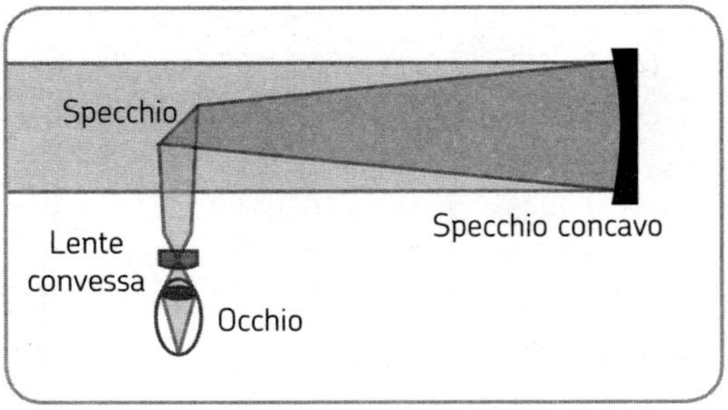

Telescopio newtoniano.

TELESCOPI CELEBRI

Descriveremo ora brevemente alcuni telescopi famosi che hanno aiutato gli scienziati a effettuare molte scoperte importanti.

Osservatorio di Monte Wilson, Telescopio Hooker, 100 pollici (2,54 m)

È il telescopio con cui Edwin Hubble (di cui parleremo nel Capitolo 3) effettuò la sua grande scoperta, legata all'enigma delle galassie e alla nascita dell'Universo, oggi nota come Legge di Hubble. Fu completato nel 1917 e per circa 30 anni fu il più grande telescopio del mondo.

Osservatorio di Monte Palomar, Telescopio Hale, 200 pollici (5,08 m)

Il Telescopio Hale rubò il titolo di "telescopio più grande del mondo" all'Osservatorio di Monte Wilson nel 1948 e mantenne il titolo per 27 anni. Le sue prestazioni permisero agli astronomi del XX Secolo di scoprire più di 100 asteroidi.

Telescopio spaziale Hubble

Lanciato in orbita dallo Space Shuttle Discovery nel 1990, questo telescopio satellitare orbita attorno alla Terra a una quota di circa 600 km. La sua apertura di quasi 2,4 m è meno della metà di quella di Monte Palomar ma grazie all'assenza dell'atmosfera può effettuare osservazioni astronomiche di grande precisione. Continua tuttora a effettuare scoperte di grande importanza, come per esempio l'esistenza di pianeti al di fuori del Sistema Solare e a chiarire la natura della materia oscura.

Osservatorio Astronomico Nazionale del Giappone, Telescopio Subaru

È il telescopio ottico-infrarosso più grande del mondo. Fu completato nel 1999 dall'Osservatorio Astronomico del Giappone e il diametro dello specchio principale è di 8,2 m! Quando uno specchio è così grande spesso rischia di deformarsi sotto il proprio stesso peso, ma la Mitsubishi Electric Corporation ha messo a punto la tecnologia necessaria per compensare queste deformazioni e consentire la piena operatività del telescopio. Il telescopio Subaru continua tutt'oggi a produrre risultati spettacolari, come la scoperta di una galassia lontanissima, a circa 12,88 miliardi di anni-luce dalla Terra.

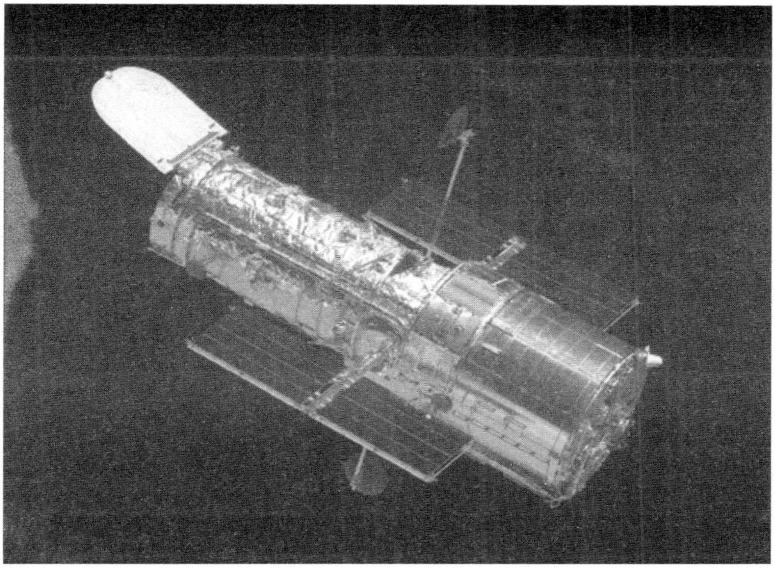

Il telescopio spaziale Hubble (foto NASA).

Una galassia a 12,88 miliardi di anni-luce dalla Terra.

CHE COSA PUÒ OSSERVARE UN RADIOTELESCOPIO?

Un altro strumento di osservazione astronomica è il radiotelescopio. Ma che cosa possono dirci le onde radio?

Naturalmente si tratta di onde elettromagnetiche, come la luce o gli infrarossi, ma siccome la loro lunghezza d'onda è elevata non vengono ostacolate dagli oggetti che incontrano sul loro cammino. È per questo motivo che possiamo utilizzare i cellulari all'interno delle abitazioni, mentre la luce viene fermata dai muri.

Nello spazio sono presenti tanti tipi di materia interstellare e quando questa materia si raccoglie in corpi celesti che assorbono la luce, come le nebulose oscure, se vogliamo indagare cose c'è al loro interno i telescopi ottici diventano inutili ed è per questo che ricorriamo alle onde radio.

I radiotelescopi sono stati sviluppati intorno alla metà del XX secolo e hanno permesso enormi progressi in astronomia. Per esempio, una delle scoperte già passate alla storia è quella che oggi tutti ritengono essere la prova del Big Bang (come spiegheremo meglio nel Capitolo 3).

Un celebre osservatorio radio negli Stati Uniti è il Very Large Array (VLA), situato a Socorro, nel sud del Nuovo Messico. Completato nel 1980, è composto unicamente da radiotelescopi, ciascuno dei quali con un diametro di 25 m. I telescopi sono agganciati a dei binari che permettono di riposizionarli e disporli in modo che agiscano come una singola antenna con un diametro massimo di 36 km. Gli astronomi utilizzano il VLA per studiare oggetti come i buchi neri e i resti delle supernove. Le osservazioni del VLA hanno permesso di scoprire l'acqua su Mercurio e le microquasar nella Via Lattea.

Il Very Large Array nel Nuovo Mexico (foto NASA).

UN ALTRO MODO PER MISURARE LE DIMENSIONI DELL'UNIVERSO: UN TRUCCHETTO DI TRIANGOLAZIONE

La distanza della Luna può essere calcolata definendo una base tra due punti sulla Terra e procedendo poi con la triangolazione (come abbiamo visto alle pagine 68-69). Questo metodo non può però essere utilizzato per calcolare la distanza del Sole, che in media è quasi di 150 milioni di km, cioè 12.000 volte il diametro terrestre. Un piccolo errore di misura avrebbe conseguenze importanti e la base che è possibile identificare sulla Terra è troppo limitata. Per calcolare la distanza del Sole dobbiamo definire una base che abbia un estremo sulla Terra e il secondo da qualche altra parte.

Fortunatamente, possiamo usare la distanza della Luna, che conosciamo già per averla triangolata grazie a una base sulla Terra. Se fossimo nell'Antica Grecia, Aristarco ci sarebbe di grande aiuto, perché ci direbbe che l'angolo Luna-Terra-Sole è di 87°.

La misura di 87° permessa dalla tecnologia dell'epoca non era sufficientemente precisa e Aristarco concluse erroneamente che la distanza del Sole fosse solo circa 20 volte quella della Luna. Oggi noi sappiamo che è circa 390 volte, ma ciò non toglie che il metodo escogitato da Aristarco più di 2300 anni fa sia davvero notevole.

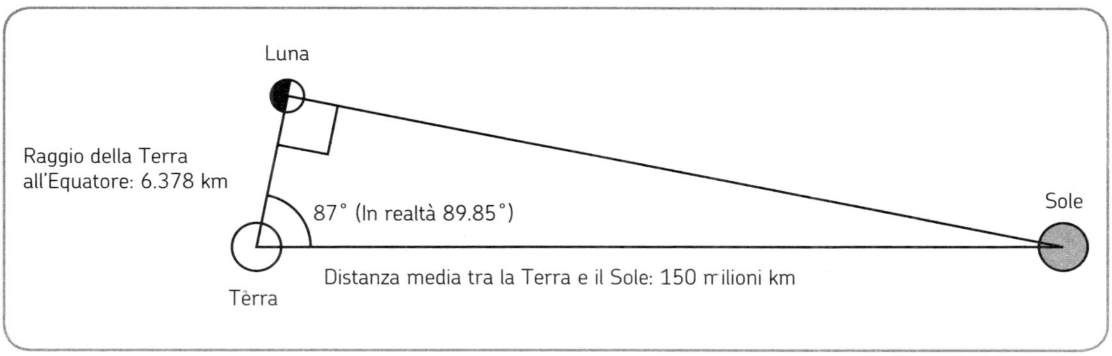

Come trovare la distanza tra la Terra e il Sole.

COME LA TRIANGOLAZIONE PUÒ FORNIRE LE DISTANZE DELLE STELLE AL DI FUORI DEL SISTEMA SOLARE

Un modo di applicare il metodo di Aristarco per calcolare grandi distanze spaziali è usare la Luna per definire la base. Ma c'è un metodo ancora migliore che fa uso del raggio di rivoluzione della Terra.

Sappiamo che la Terra effettua una rotazione intorno al Sole nel giro di un anno. Pertanto, se osserviamo un oggetto nello spazio al di fuori del Sistema Solare in un certo istante, e poi sei mesi dopo, possiamo calcolare lo spostamento rispetto alle stelle circostanti. Questo ci permette di ricavare la variazione dell'angolo (angolo di inclinazione) sotto cui lo osserviamo, ricavando quindi la distanza dell'oggetto.

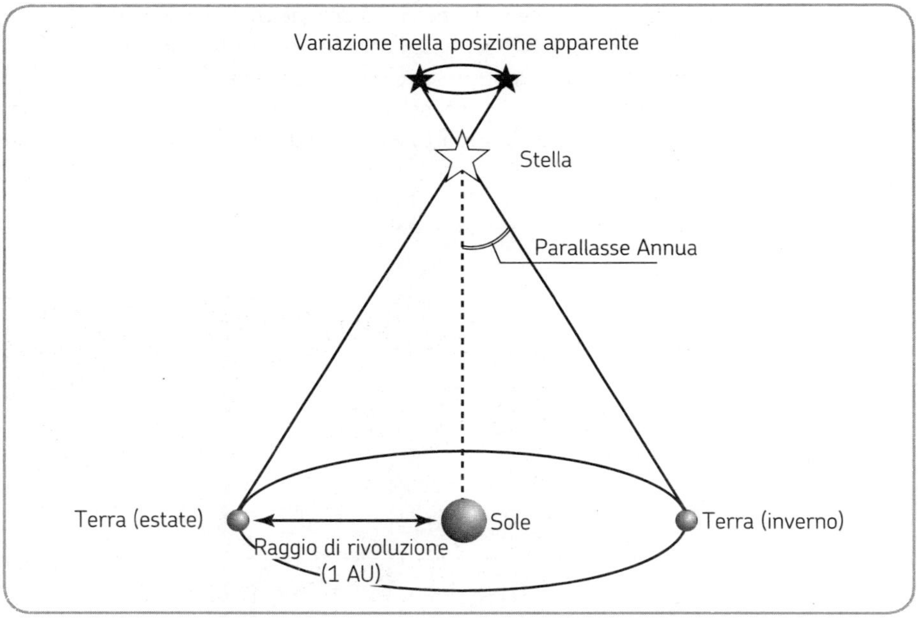

Come triangolare usando il raggio di rivoluzione.

Per la cronaca, metà della differenza tra questi angoli viene detta "parallasse annua" e la distanza da un corpo celeste per cui la parallasse è un secondo di arco (cioè 1/3600 di grado) viene detta parsec (contrazione di "parallasse per secondo"). Questa unità di misura è legata ad altre nel modo seguente:

1 pc (parsec) = circa 3,26 anni-luce = circa 206.265 AU = circa 3,08568 × 1016 m = circa 31.000 miliardi di km.

Per gli oggetti osservabili dalla Terra con questo metodo, la parallasse massima è di circa 0,033 secondi di arco (più o meno 1/100.000 di grado) e la massima distanza è approssimativamente di 30 parsec, cioè 100 anni-luce. Nel 1989 l'Agenzia Spaziale Europea ha lanciato la missione Hipparcos (HIgh Precision PARallax COllecting Satellite, cioè "satellite per il rilevamento di parallassi ad alta precisione"), in grado di misurare con grande precisione la distanza di stelle lontane fino a 500-1.000 anni-luce.

QUANTO È GRANDE IL SISTEMA SOLARE?

Come abbiamo visto, nel 2006 Plutone è stato tolto dalla categoria dei pianeti, ma questo non toglie che si tratti di un oggetto appartenente al Sistema Solare. Qual è quindi la definizione di Sistema Solare e quanto è grande?

In primo luogo, la distanza (il semiasse maggiore) di Nettuno, il pianeta più esterno, è di circa 30 AU. Oltre questa distanza, nell'intervallo 30-100 AU, si trova la cintura di Kuiper, dove troviamo molte comete in orbita intorno al Sole. A differenza degli asteroidi, questi "Oggetti della Cintura di Kuiper" (KBO – Kuiper Belt Objects) sono composti prevalentemente da vari tipi di ghiaccio, per esempio ghiaccio di acqua, di metano e di ammoniaca. Si pensa che la Cintura di Kuiper contenga più di 70.000 oggetti con un diametro di almeno 50 km e Plutone può esserne considerato parte.

Oltre a ciò, in un'area adiacente, ancora più lontana della Cintura di Kuiper, potrebbero esistere ulteriori oggetti composti di ghiaccio e rocce. Si tratta della Nube di Oort, a una distanza dal Sole tra 50 e 100.000 AU! Cioè circa 3.300 volte il raggio orbitale di Nettuno.

In genere, si assume che il Sistema Solare si estenda fino alla Nube di Oort, che rappresenta il confine gravitazionale del Sole, cioè della zona dove un oggetto può subirne la gravità. Il raggio di questa zona è di circa 1,6 anni luce e questo vuol dire che se una sonda viaggiasse alla velocità della luce occorrerebbero anni per uscire dal Sistema Solare.

L'influenza gravitazionale del Sole arriva a circa 3.300 volte la distanza del pianeta più lontano!

3

L'UNIVERSO È NATO DA UN BIG BANG

LE GALASSIE SONO ISOLE DI LUCE NEL VUOTO DELLO SPAZIO
CHE COSA SUCCEDE?
OOO-KAAAYYY!
ALÈ!!!
FORZA KANNA!
OP
OP
FORZA!
PROFESSORE...!
VAI COSÌ, RAGAZZA!
MI HA CHIESTO DI FILMARE LA PARTITA IN MODO CHE POI POTESSIMO USARE IL VIDEO PER SPIEGARE LA TEORIA DEL BIG BANG, MA...
NON L'HO MAI VISTO COSÌ ENTUSIASTA PER LO SPORT...
PERCHÉ STO RIPRENDENDO QUESTA PARTITA TRA GLI AMICI DI KANNA E LA SQUADRA DI CALCIO DELLA NOSTRA UNIVERSITÀ?

GLORIA!
PRONTA!
VAI!
ATTENTA!
SCANSATI!
QUESTA È
MIA!
WHOOSH
UH?

BOMP!
UUUHHH...
PANT PANT
PANT PANT
DENTRO!
ALÈ!
BUUU!
BELLO STOP, GLORIA!!
CHE SUCCEDE?
CACCHIO! C'ERO ANDATO LEGGERO PERCHÉ È UNA RAGAZZA.
NON DEVONO PRENDERE FIATO!
GROSSO ERRORE!
SOTTO!
PAT PAT PAT PAT
CO...?!

I VINCITORI IMPARANO UNA LEZIONE

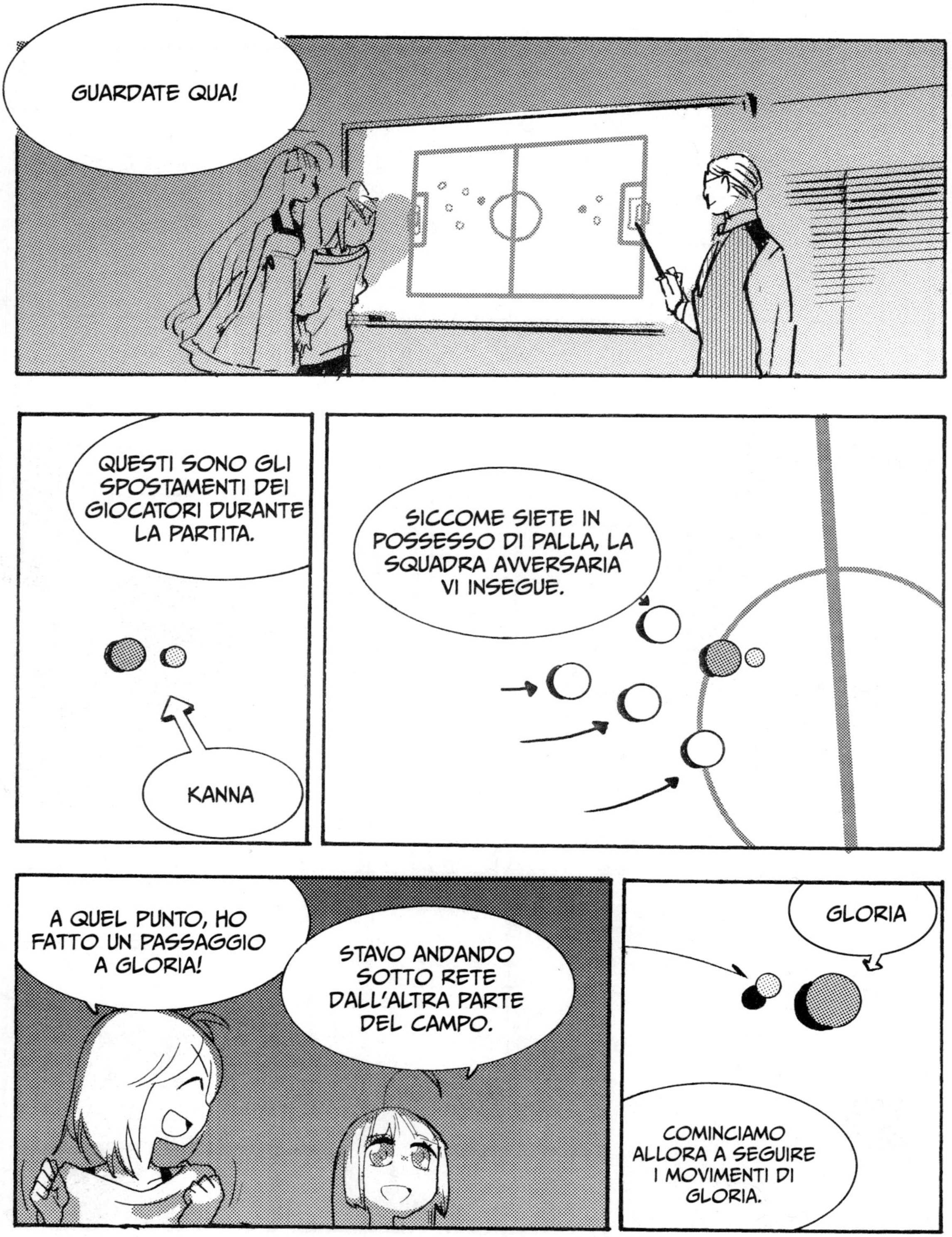
GUARDATE QUA!
QUESTI SONO GLI SPOSTAMENTI DEI GIOCATORI DURANTE LA PARTITA.
KANNA
SICCOME SIETE IN POSSESSO DI PALLA, LA SQUADRA AVVERSARIA VI INSEGUE.
A QUEL PUNTO, HO FATTO UN PASSAGGIO A GLORIA!
STAVO ANDANDO SOTTO RETE DALL'ALTRA PARTE DEL CAMPO.
GLORIA
COMINCIAMO ALLORA A SEGUIRE I MOVIMENTI DI GLORIA.

APPENA GLORIA RICEVE LA PALLA, GLI AVVERSARI COMINCIANO A FARSI SOTTO.
E...
GOOOL!
MI SA CHE COME ALLENATORI L'UNIVERSITÀ DOVREBBE PRENDERE VOI DUE!
ゆら
PROFESSORE!
STA ANCORA PARLANDO SOLO DI CALCIO!
ACK!
POSSIAMO PARLARE DELLE GALASSIE ADESSO? PROFESSORE...?
ずどぉぉぉん
SÌ, SÌ, NATURALMENTE. ORA AFFRONTEREMO L'ARGOMENTO PRINCIPALE...
HAI ANCORA IL BLOCCO DELLO SCRITTORE, VERO?
IN UNA PARTITA DI CALCIO I GIOCATORI SI CONCENTRANO DOV'È LA PALLA O DOVE SI ASPETTANO CHE VADA.

MA CERTO!
LA SQUADRA DI KANNA, CHE CONTROLLA LA PARTITA, E I GIOCATORI CHE LA CIRCONDANO SONO COME UNA GALASSIA, DICO BENE?
ESATTO!
CLICK
CLICK
E ORA PARLIAMO UN PO' DI GALASSIE.
LE STELLE E ALTRE STRUTTURE NON SONO UNIFORMEMENTE DISTRIBUITE NELL'UNIVERSO.
MILIARDI E ANCHE DECINE DI MILIARDI DI STELLE E ALTRO MATERIALE INTERSTELLARE SI CONCENTRANO E FORMANO LE GALASSIE.
UNA DI QUESTE È LA NOSTRA VIA LATTEA, DICO BENE?

È COME SE FOSSERO DELLE ISOLE NELL'OCEANO!
È ABBASTANZA VERO. UNA VOLTA LE GALASSIE VENIVANO CHIAMATE "UNIVERSI ISOLA".
GALASSIE DIVERSE HANNO FORMA DIVERSA, GIUSTO?
LA FORMA DI UNA GALASSIA DIPENDE DALLE SUE ORIGINI?
SFORTUNATAMENTE, ANCORA NON COMPRENDIAMO FINO IN FONDO IL MECCANISMO DI FORMAZIONE DELLE GALASSIE.
GLI SCIENZIATI PENSANO CHE LA MATERIA FORMATASI DOPO IL BIG BANG ABBIA AVUTO FLUTTUAZIONI DI DENSITÀ E, NEL TEMPO, IN PUNTI DI DENSITÀ MAGGIORE ABBIANO INIZIATO A FORMARSI BOLLE DI GAS. QUESTE MASSE (IMMAGINIAMO PER ESEMPIO UNA PICCOLA GALASSIA CON SOLE DIECI STELLE) COMINCIARONO A ENTRARE IN COLLISIONE TRA DI LORO E A UNIRSI AD ALTRE BOLLE DI GAS... SAREBBE QUESTA L'ORIGINE DELLE GALASSIE CHE OSSERVIAMO OGGI.
UN'IMMAGINE MOLTO UTILE ANCHE PER LA COMPRENSIONE DELLA STRUTTURA DELL'UNIVERSO SU LARGA SCALA.
È UN PO' COME IN UNA PARTITA DI CALCIO, NO? A MANO A MANO CHE IL GIOCO PROCEDE, I GIOCATORI SI RAGGRUPPANO IN DIVERSE FORMAZIONI.
MI SEMBRA UN PO' TIRATA PER I CAPELLI...

SE GUARDIAMO LA PARTITA DALL'ALTO, VEDIAMO I GIOCATORI CONCENTRARSI IN DETERMINATI PUNTI DEL CAMPO.
OGNUNO DEI PUNTI È COME UNA GALASSIA, GIUSTO?
ESATTO. E ADESSO INGRANDIAMO LA SCENA.
CLICK
È PIENO DI CAMPI DI CALCIO DAPPERTUTTO!
QUA INTORNO È PIENO DI SCUOLE E CAMPI SPORTIVI, QUINDI CI SONO UN SACCO DI CAMPI DI CALCIO. QUINDI IN TUTTA QUEST'AREA CI SONO GRUPPI DI GIOCATORI CHE SI RACCOLGONO TRA DI LORO.
ALLO STESSO MODO, LE TANTISSIME GALASSIE ESISTENTI SI CONCENTRANO E FORMANO GRUPPI, AMMASSI E SUPERAMMASSI.
WOW.

MA ALTROVE, DOVE GLI SPORT SONO MENO POPOLARI, NON CI SONO COSÌ TANTI CAMPI DI CALCIO... MAGARI ANCHE NESSUNO!
QUESTO VALE ANCHE PER LE GALASSIE, NO?
CERTAMENTE!
NELL'UNIVERSO CI SONO LUOGHI CHE ABBONDANO DI CORPI E FORMAZIONI, E ALTRI DOVE CE NE SONO MOLTI DI MENO.
FATTI PIÙ IN LÀ
FATTI PIÙ IN LÀ
IO STO DA SOLO
QUESTO FATTO È STRETTAMENTE COLLEGATO ALLA NASCITA DELL'UNIVERSO!
LA NASCITA...
...DELL'UNIVERSO!
IN UN QUALCHE MODO DEV'ESSERE PUR NATO, NO?
わくわくしてきた!
PER FORZA!
IL MIO UNIVERSO SI STA CONTRAENDO TUTTO...
SERIA

CHE COS'È LA STRUTTURA SU LARGA SCALA DELL'UNIVERSO?

Secondo Kant e altri scienziati, doveva esistere una struttura gerarchica e su larga scala dell'Universo, un po' come nel mondo in cui viviamo: come i quartieri, che sono composti da case, che compongono le città, che compongono i paesi, così i corpi celesti dovevano raggrupparsi secondo una qualche regolarità. La cosa si chiarì definitivamente quando fu confermata l'esistenza di galassie esterne alla nostra. Osservazioni successive precisarono anche che le galassie si radunano a formare dei gruppi, che a loro volta si uniscono a formare aggregati di livello superiore nella gerarchia cosmica.

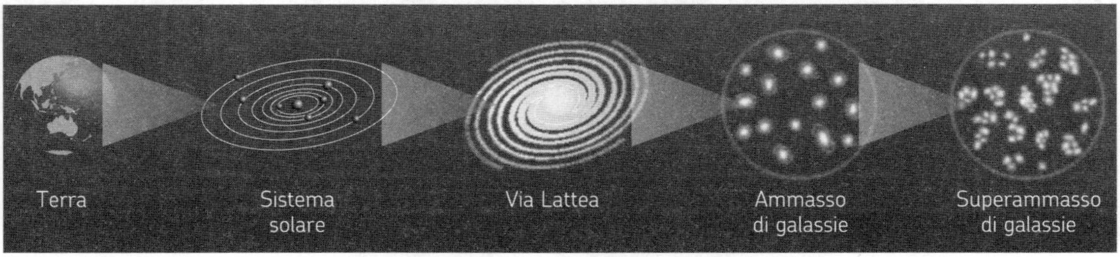

La struttura su larga scala dell'Universo.

SISTEMA PLANETARIO

Un *sistema planetario* è un sistema simile al nostro Sistema Solare, dove pianeti, asteroidi, satelliti e comete interagiscono in orbita attorno a una stella.

GALASSIA

Una *galassia* è una formazione nata a seguito dell'attrazione gravitazionale di decine o persino centinaia di miliardi di stelle e di materia interstellare (compresa la materia oscura). Le galassie galleggiano nello spazio un po' come le isole nell'oceano e infatti in passato venivano chiamate *universi isola*. La galassia a cui appartiene il nostro Sistema Solare si chiama Via Lattea.

Il termine "Universo isola" è caduto in disuso da quando gli astronomi hanno realizzato che esistono tanti "universi isola" (cioè galassie) oltre alla Via Lattea.

GRUPPI O AMMASSI DI GALASSIE

I *gruppi* e gli *ammassi* sono "galassie multiple" tenute insieme dalla forza di gravità. Parliamo di "gruppi" finché il loro numero è inferiore a 50, di "ammassi" per numeri superiori (fino a molte migliaia). La nostra Via Lattea appartiene al Gruppo Locale, di cui fanno parte tra le 30 e le 40 galassie, tra cui quella di Andromeda e la Grande e la Piccola Nube di Magellano. L'ammasso di galassie più prossimo al Gruppo Locale è l'Ammasso della Vergine, a circa 60 milioni di anni-luce di distanza. Si trova nella costellazione della Vergine e ha un diametro di circa 12 milioni di anni-luce.

SUPERAMMASSI DI GALASSIE

Un *superammasso* è un aggregato di diverse centinaia di gruppi o ammassi di galassie e ha un diametro di diverse centinaia di milioni di anni luce.

In origine gli astronomi ritenevano che dall'esistenza di una struttura su larga scala discendesse il fatto che le galassie erano distribuite nell'Universo in maniera uniforme. Negli anni Ottanta furono però scoperte regioni di spazio totalmente prive di galassie, con diametri di oltre 100 milioni di anni-luce. Successive osservazioni, hanno permesso di appurare che queste aree erano allineate come bolle, con gruppi o ammassi di galassie distribuite sulla superficie.

Nel 1989, Margaret Geller e John Huchra dell'Harvard-Smithsonian Center for Astrophysics battezzarono un certo raggruppamento di galassie la *Grande Muraglia*, perché sembrava formare un'unica, lunga entità come appunto la Grande Muraglia cinese. Si tratta di una struttura colossale, lunga 500 milioni di anni-luce e larga 200 milioni. All'epoca della scoperta, la Grande Muraglia era la più grande struttura nota nell'Universo.

Ma il 20 ottobre 2003 è stata scoperta una nuova Grande Muraglia, a circa un miliardo di anni-luce dalla Terra, con una lunghezza di 1,4 miliardi di anni-luce, cioè più o meno tre volte la scoperta precedente. In altre parole, ora detiene il primato di più grande "oggetto" conosciuto nell'Universo.

La prima Grande Muraglia oggi viene chiamata *Grande Muraglia CfA2*, mentre la seconda, *Grande Muraglia Sloan*.

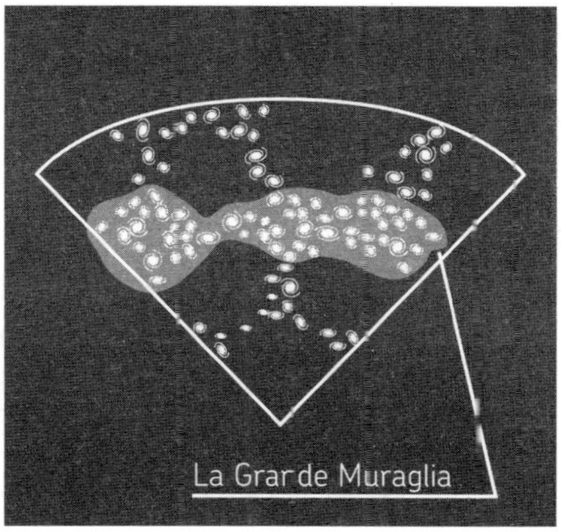

Le galassie formano muraglie galattiche.

LA GRANDE SCOPERTA DI HUBBLE

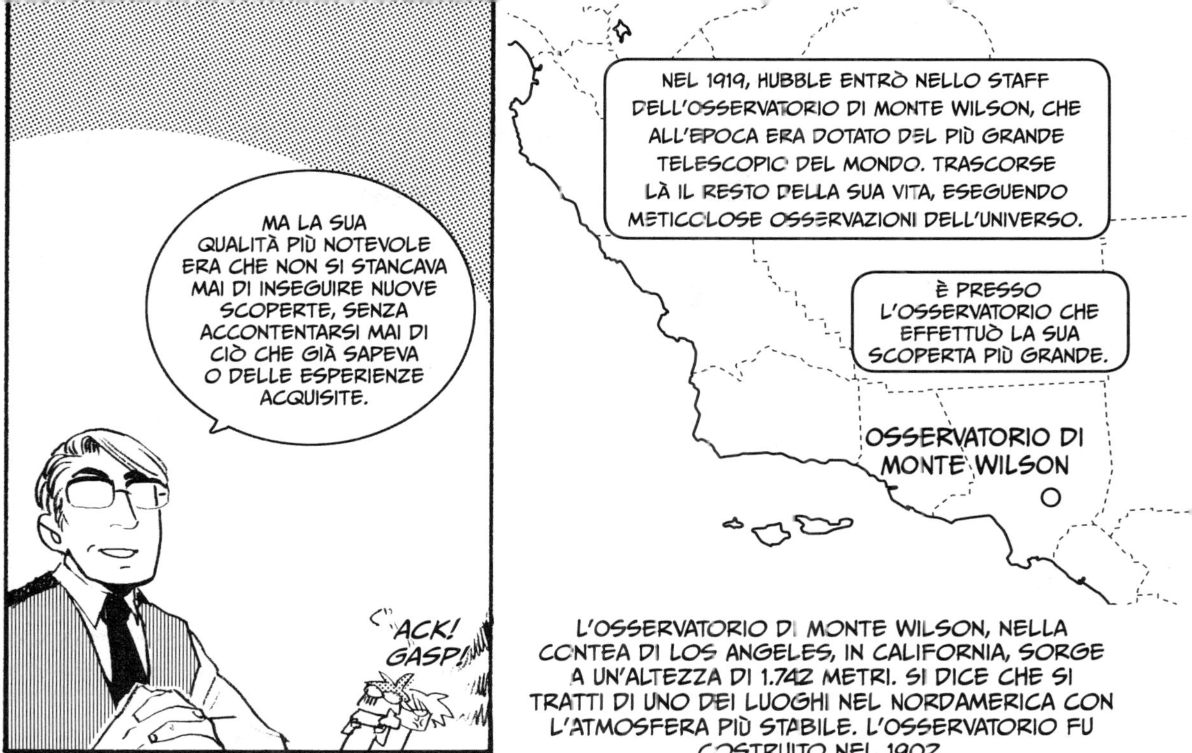

L'OSSERVATORIO DI MONTE WILSON, NELLA CONTEA DI LOS ANGELES, IN CALIFORNIA, SORGE A UN'ALTEZZA DI 1.742 METRI. SI DICE CHE SI TRATTI DI UNO DEI LUOGHI NEL NORDAMERICA CON L'ATMOSFERA PIÙ STABILE. L'OSSERVATORIO FU COSTRUITO NEL 1902.

*IL "GRANDE DIBATTITO" FU UNA DISCUSSIONE CHE NEL 1920 SI SVOLSE TRA I DUE ASTRONOMI AMERICANI HEBER DOURT CURTIS E HARLOW SHAPLEY, PROPRIO SU QUESTA QUESTIONE: LA NEBULOSA DI ANDROMEDA FACEVA PARTE O NO DELLA VIA LATTEA? ALL'EPOCA, SI PENSAVA CHE IL DIAMETRO DI QUEST'ULTIMA FOSSE DI CIRCA 150.000 ANNI-LUCE

MENTRE LA RICERCA PROGREDIVA E CAMBIAVA LA NOSTRA CONCEZIONE DEL SISTEMA SOLARE, DELLA GALASSIA E DELL'UNIVERSO, CI PIACEVA PENSARE CHE LA TERRA FOSSE ANCORA AL CENTRO DI TUTTO.
QUESTO ATTACCAMENTO FORTISSIMO ALLA VISIONE GEOCENTRICA DEV'ESSERE QUALCOSA DI PROFONDAMENTE CONNATURATO NELLA NATURA UMANA.
PERCHÉ ANDROMEDA VENIVA CHIAMATA "NEBULOSA"? NON È UNA GALASSIA?
DOMANDA!
FINO A CIRCA 100 ANNI FA, SI PENSAVA AD ANDROMEDA COME A UNA *NEBULOSA*, UNA NUBE DI MATERIA INTERSTELLARE AL CUI INTERNO SI FORMANO LE STELLE.
?
LA "NEBULOSA DI ANDROMEDA", QUINDI.
SCOPRIRE CHE ANDROMEDA, CHE SI PENSAVA FOSSE PARTE DELLA NOSTRA GALASSIA, SI TROVASSE IN REALTÀ A 900.000 ANNI-LUCE DEV'ESSERE STATO QUALCOSA DI STUPEFACENTE!
EHM!
È VERO... MA 900.000 ANNI-LUCE NON È LA DISTANZA GIUSTA. SECONDO LE ULTIME RICERCHE SI TRATTA IN REALTÀ DI CIRCA 2,52 MILIONI DI ANNI-LUCE.
2,52 MILIONI DI ANNI-LUCE
OH, CIELO!

TORNIAMO ALL'OPERA: "LA GRANDE SCOPERTA DI HUBBLE – ATTO II".
A COSA STAI LAVORANDO?
STO ANALIZZANDO LE OSSERVAZIONI DEGLI SPETTRI DELLE ALTRE GALASSIE CHE HO RICEVUTO DA VESTO SLIPHER DELL'OSSERVATORIO LOWELL E...
PIPA DI SAPONE
...APPARENTEMENTE LA LUNGHEZZA D'ONDA DELLA LUCE È SPOSTATA NELLA DIREZIONE DEL ROSSO.
CHE COSA?!
KANNA?
SCUSA...
...CHE COSA VUOL DIRE "SPOSTATA NELLA DIREZIONE DEL ROSSO"?
CHE DELUSIONE
ORA...
LO SPOSTAMENTO VERSO IL ROSSO...

WEEEEE-OOOH!
WEEEEE-OOOH!
IL PROFESSORE È USCITO DI TESTA!
PENSATE A UN'AMBULANZA...
A MANO A MANO CHE SI AVVICINA, IL SUONO DELLA SIRENA SI FA PIÙ ACUTO..
...E UNA VOLTA CHE È PASSATA E SI ALLONTANA, IL TONO TORNA AD ABBASSARSI, DICO BENE?
...È L'EFFETTO DOPPLER!
IL SUONO È UN'ONDA, QUINDI, ALL'AVVICINARSI DELLA SORGENTE LA LUNGHEZZA D'ONDA DIMINUISCE, FACENDO AUMENTARE IL TONO. QUANDO LA SORGENTE SI ALLONTANA, LA LUNGHEZZA D'ONDA TORNA AD ALLUNGARSI E IL SUONO SCENDE DI TONO.

ANCHE LA LUCE SI PROPAGA SOTTO FORMA DI ONDA ED È QUINDI SOGGETTA AL MEDESIMO FENOMENO.
SPETTRO LUMINOSO
ROSSO
GIALLO
VERDE
BLU
QUANDO UNA SORGENTE LUMINOSA SI AVVICINA LA LUCE CHE EMANA VIRA VERSO IL BLU, QUANDO SI ALLONTANA LA LUCE SI SPOSTA VERSO IL ROSSO.
SE LA FONTE SI ALLONTANA, SI VA VERSO IL ROSSO
MA CHE COSA C'ENTRANO LE GALASSIE?
LO VEDREMO NEL PROSSIMO ATTO.
HAI DETTO CHE GLI SPETTRI DELLE ALTRE GALASSIE SONO SPOSTATI VERSO IL ROSSO?
SÌ...
NON È UN SEMPLICE ERRORE SPERIMENTALE?
SE LO SPOSTAMENTO FOSSE LO STESSO PER TUTTE LE GALASSIE, SAREI D'ACCORDO CON TE, MA...
...VI SONO DELLE PICCOLE DIFFERENZE TRA GALASSIA E GALASSIA.

QUINDI, SE GLI SPETTRI SONO SPOSTATI VERSO IL ROSSO...
...SÌ?
VUOL DIRE CHE LE GALASSIE SI STANNO ALLONTANANDO DA NOI! E RAPIDAMENTE!
STUPEFACENTE!
HO INOLTRE ANALIZZATO GLI SPETTRI, CERCANDO DI STABILIRE UNA RELAZIONE TRA LA DISTANZA E LO SPOSTAMENTO VERSO IL ROSSO...
HO SCOPERTO CHE PIÙ UNA GALASSIA È LONTANA MAGGIORE ERA LO SPOSTAMENTO.

PERTANTO...
...PERTANTO?
MENTRE NOI PARLIAMO, L'UNIVERSO SI STA ESPANDENDO!
ESATTO!
UH?!
L'UNIVERSO È ANCORA IN ESPANSIONE?
SÌ, VEDIAMO ORA COSA SIGNIFICA.

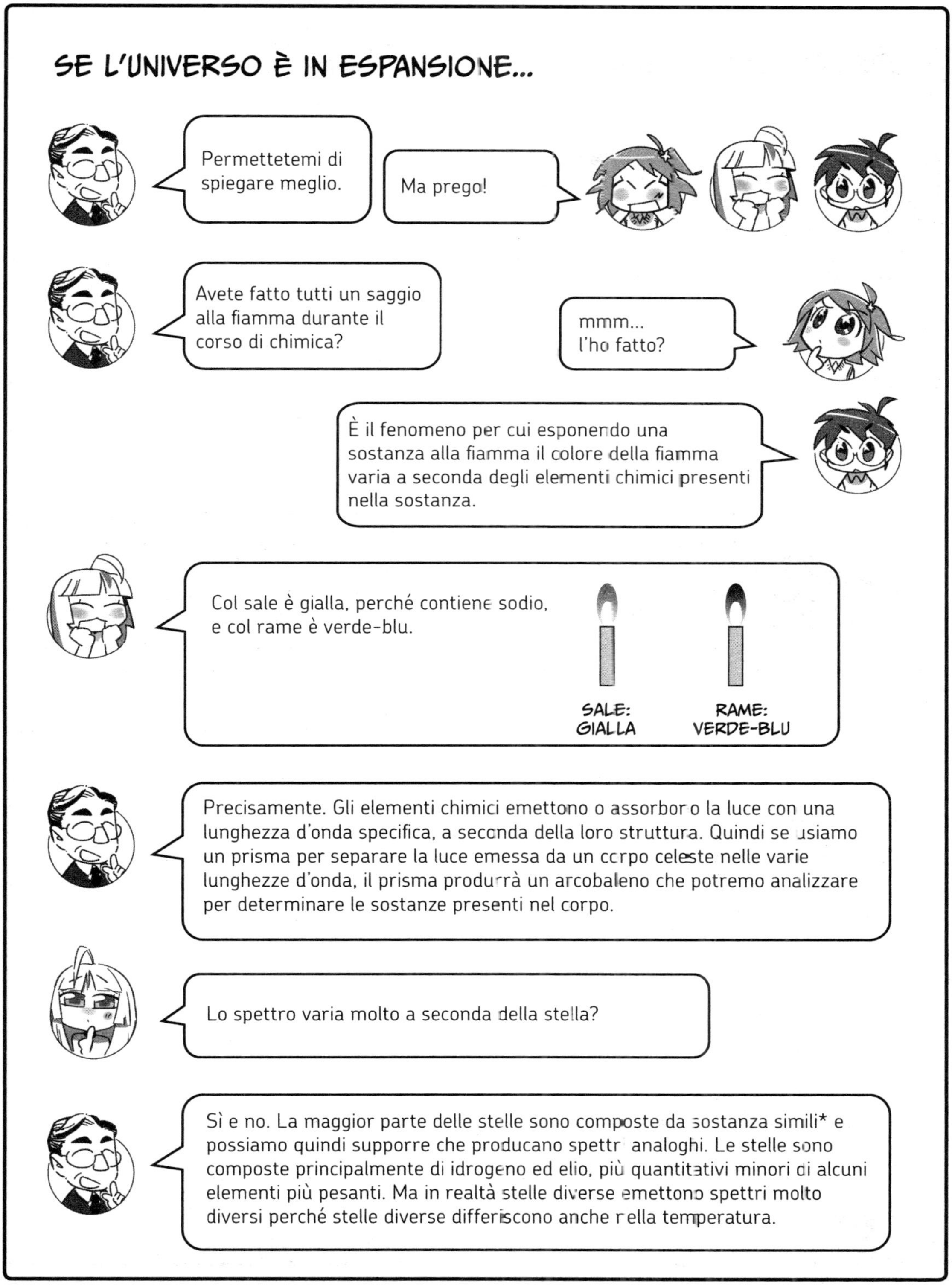

* La composizione chimica delle stelle, espressa come rapporto tra le masse degli elementi, è idrogeno:elio = 3:1, con una piccola percentuale di altri elementi, solitamente meno del 2%. Questo rapporto è quasi identico da stella a stella.

Stelle molto calde emettono spettri con righe marcate in corrispondenza dell'elio e di elementi pesanti ionizzati (cioè i cui atomi hanno perso o acquistato degli elettroni). D'altra parte, stelle molto fredde emettono spettri senza righe dell'elio apprezzabili, ma con altre righe in corrispondenza di atomi e molecole neutre. Se la differenza di temperatura produce differenze negli spettri, stelle simili (cioè simili per massa e temperatura) dovrebbero produrre spettri praticamente identici. Al contrario, Slipher (v. pagina 146) scoprì che c'era uno spostamento delle lunghezze d'onda verso il rosso.

Se si stavano allontanando, il sale doveva produrre un arancione più forte e il rame un verde giallastro.

A me sembra che a scoprire che l'Universo si stava espandendo sia stato questo Slipher, quello che ha dato i dati ad Hubble, no?

Ma Slipher non è molto noto.

Era convinto che lo spostamento verso il rosso volesse sì dire che molte galassie si stavano allontanando, ma che questo fosse dovuto a un loro moto proprio. Hubble invece condusse un'analisi scrupolosa della correlazione tra spostamento verso il rosso e distanza, scoprendo che più una galassia era lontana, più rapidamente si allontanava... ed è questo il fatto a sostegno della teoria dell'Universo in espansione.

Ma perché vorrebbe proprio dire che l'Universo si espande?

Diventerà subito chiaro se scrivi tre lettere su un palloncino e cominci a gonfiarlo.

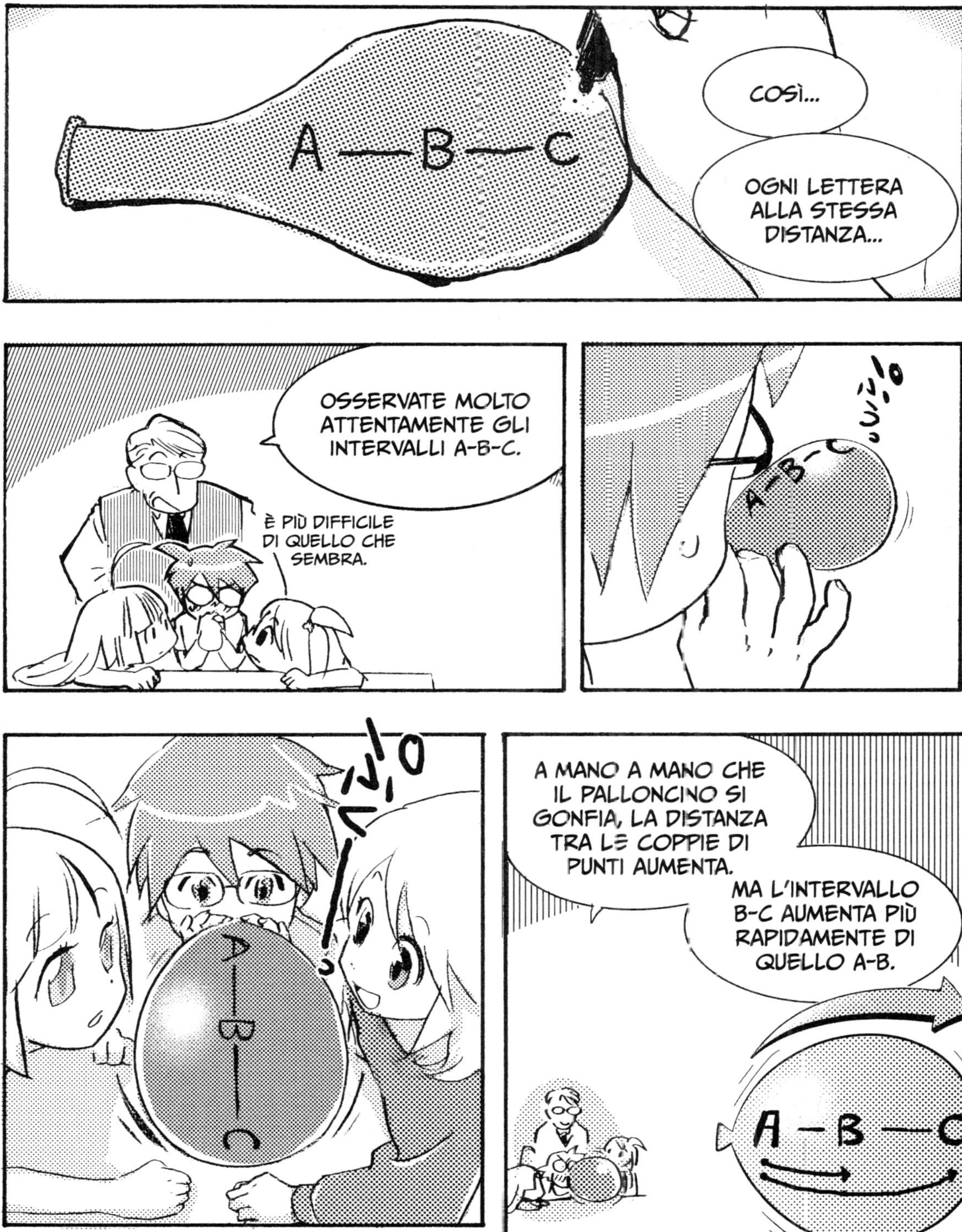
A—B—C
COSÌ...
OGNI LETTERA ALLA STESSA DISTANZA...
OSSERVATE MOLTO ATTENTAMENTE GLI INTERVALLI A-B-C.
È PIÙ DIFFICILE DI QUELLO CHE SEMBRA.
A-B-C
A MANO A MANO CHE IL PALLONCINO SI GONFIA, LA DISTANZA TRA LE COPPIE DI PUNTI AUMENTA.
MA L'INTERVALLO B-C AUMENTA PIÙ RAPIDAMENTE DI QUELLO A-B.
A—B—C
A—B—C

ACH!
SCHIZZ!
CHE COS'HAI FATTO?!
SCUSA, NON VOLEVO.
UGH... È TUTTO SPORCO.

CHE C'È, KANNA?
NON LE SEMBRA STRANO, PROFESSORE?
CHE COSA VUOI DIRE?
BE', SUPPONENDO CHE L'UNIVERSO SI STIA ESPANDENDO COME UN PALLONCINO...
PSSS
PSSS
PSSS
...RETROCEDENDO NEL TEMPO, ALLA STESSA VELOCITÀ, NON DOVREMMO ARRIVARE A UN ISTANTE IN CUI ERA COLLASSATO... COME IL PALLONCINO SGONFIO?
しーん
UH?
C-COSA STO DICENDO?!
EH EH EH
NON PUÒ ESSERE VERO!

AL CONTRARIO! HAI ASSOLUTAMENTE RAGIONE!
IN TEORIA, ALL'INIZIO L'UNIVERSO ERA MICROSCOPICO!
COS'È STATO? LA FORTUNA DEL PRINCIPIANTE? O MAGARI UN LAMPO DI GENIO?
DOPOTUTTO, IL GENIO È UNA COSA MISTERIOSA...
UH... SIAMO PASSATI ALLA PROSSIMA SPIEGAZIONE.
CAPISCO...
COSA C'È IN QUEL CONO?
PERCHÉ IN CIMA È PIATTO?
COSA STA SUCCEDENDO?

È UN MODO PER RAPPRESENTARE LA STORIA DELL'UNIVERSO.
TEMPO
SPAZIO
L'ASSE VERTICALE RAPPRESENTA IL PROCEDERE DEL TEMPO, DAL BASSO VERSO L'ALTO, DALLA NASCITA DELL'UNIVERSO A OGGI.
L'ASSE ORIZZONTALE RAPPRESENTA LE DIMENSIONI SEMPRE MAGGIORI DELL'UNIVERSO IN ESPANSIONE.
IL PRIMO KANJI DELLA PAROLA GIAPPONESE PER *UNIVERSO* SIGNIFICA *SPAZIO* E IL SECONDO SIGNIFICA *TEMPO*...
L'HO LETTO UNA VOLTA IN UNA STORIA...
UH... YAMANE?
TI SENTI BENE BENE?
È INUTILE...
SI INTERESSA A UNA DISCUSSIONE SOLO SE RIESCE A RICONDURLA A QUALCOSA CHE CONOSCE GIÀ.

VA BENE... LASCIAMOLA IN PACE.
SE L'UNIVERSO SI STA ESPANDENDO, COME IN QUESTA FIGURA...
COME DICEVA KANNA, ALL'INIZIO DOVEVA ESSERE MOLTO PICCOLO.
DEVE AVERE COMINCIATO COME UN PUNTO!
L'UNIVERSO, AI SUOI INIZI
HA DETTO CHE L'UNIVERSO È COMINCIATO COME UN PUNTO!
SCIOC-CHEZ-ZE!
MI SEMBRA UN'ASSURDITÀ... COME IL MODELLO GEOCENTRICO! NON VI PARE?!
BE', SÌ.
LA TEORIA SECONDO CUI UN SINGOLO PUNTO SI SAREBBE IMPROVVISAMENTE ESPANSO FINO A GENERARE L'UNIVERSO È UNA SPIEGAZIONE IMPREVISTA.
LO STESSO HUBBLE ERA SCETTICO... ANCHE SE LA TEORIA ERA LA SUA.
CAPISCO IL PERCHÉ! DIRE CHE LA NASCITA DELL'UNIVERSO È UNA SPECIE DI ESPLOSIONE SUONA LEGGERMENTE ESAGERATO, NO?
CHE C'È?
HO DETTO QUALCOSA DI STRANO?

PER NULLA! HAI ASSOLUTAMENTE RAGIONE!
E ORA...
FLASH!
NASCENDO, L'UNIVERSO SI ESPANSE IN MANIERA ESPLOSIVA!
È LA TEORIA DEL *BIG BANG*!
OH... NE HO SENTITO PARLARE!
OGGI LA MAGGIOR PARTE DEGLI SCIENZIATI LA SOTTOSCRIVE.
KANNA... È INCREDIBILE!
STRIZ
MI RACCOMANDO, PIÙ LE FAI DEI COMPLIMENTI E PIÙ SI MONTA LA TESTA!
DAI, DACCI UN TAGLIO!

CHE TI PIACCIA O NO, È VERO.
L'ISTINTO DI KANNA È IMPORTANTE... È DIFFICILE CHE SBAGLI!
EHI...
NON MI PIACE QUANDO I COMPLIMENTI ME LI FAI TU!
WHAM!
NELLA CULTURA GIAPPONESE I RAPPORTI TRA FRATELLI SONO COMPLICATI, VERO?
PERCHÉ MI HA COLPITO?

TUTTO COMINCIÒ CON IL BIG BANG

Quindi, più o meno, quando sarebbe avvenuto il Big Bang?

Calcolando a ritroso basandoci sulla velocità con cui si sta espandendo attualmente, circa 13,8 miliardi di anni fa.

Un momento, Professore! E dove sarebbe successo? Dov'è stato il Big Bang?

Cosa diavolo stai dicendo? Tutto lo spazio cominciò a esistere *dopo* il Big Bang, quindi prima non poteva esserci neppure l'idea di un *dove*.

Da nessuna parte, quindi?

Questa parte è un po' dura da accettare, vero? Non si verificò nessun fenomeno esplosivo da qualche parte nello spazio... fu lo spazio a essere creato dal Big Bang. Ma se il problema è il "dove", allora qualsiasi punto nel nostro Universo è "dove" si è verificato il Big Bang.

Capito. Ricordate l'esperimento del palloncino? Una volta gonfiato non c'è modo di rispondere a domande come "quale parte del palloncino gonfiato corrisponde al palloncino prima che lo gonfiassimo?". Stessa cosa con l'Universo.

LA TEORIA DI HUBBLE SULL'ESPANSIONE DELL'UNIVERSO AVEVA DEI DIFETTI

Hubble scoprì che l'Universo è in espansione, ma si aspettava di incontrare una violenta opposizione dai suoi contemporanei, specialmente da parte dei colleghi astronomi della comunità scientifica. E infatti, stando a diverse testimonianze, Hubble molto prudentemente decise di tenere per sé la sua scoperta.

Il valore da cui dipende la velocità d'espansione si chiama *costante di Hubble* e viene rappresentata con H_0. Per questa velocità Hubble ricavò un valore di circa 500 km/s per punti dell'Universo separati da una distanza di un milione di parsec (1 Mpc), cioè circa 7 volte il valore accettato oggi (73 km/s per Mpc). Ma se usiamo il valore di Hubble per calcolare quando avvenne il Big Bang otteniamo al massimo 2 miliardi di anni. Sulla base dei ritrovamenti fossili e dell'analisi delle rocce, sappiamo che la Terra ha almeno 4,6 miliardi di anni e chiaramente l'Universo non può essere più giovane.

Neppure Hubble riuscì a calcolare il valore corretto per la sua costante e fu necessario un sacco di tempo perché la teoria dell'espansione dell'Universo venisse accettata.

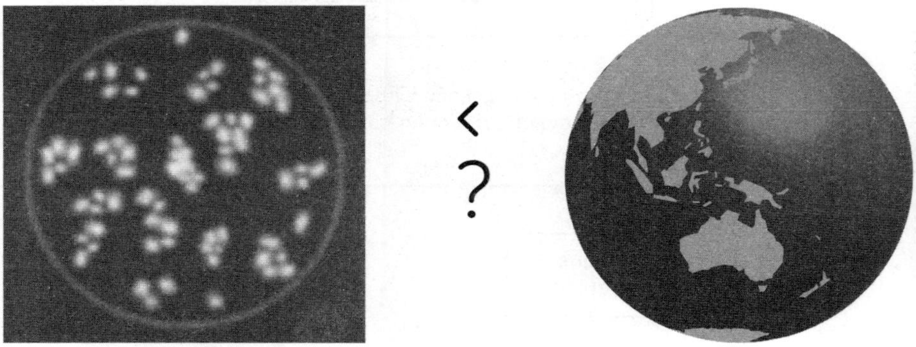

Secondo i calcoli di Hubble, l'Universo avrebbe avuto 2 miliardi di anni...
ma la cosa non aveva senso perché già si sapeva che la Terra esisteva da circa 4,6 miliardi di anni!

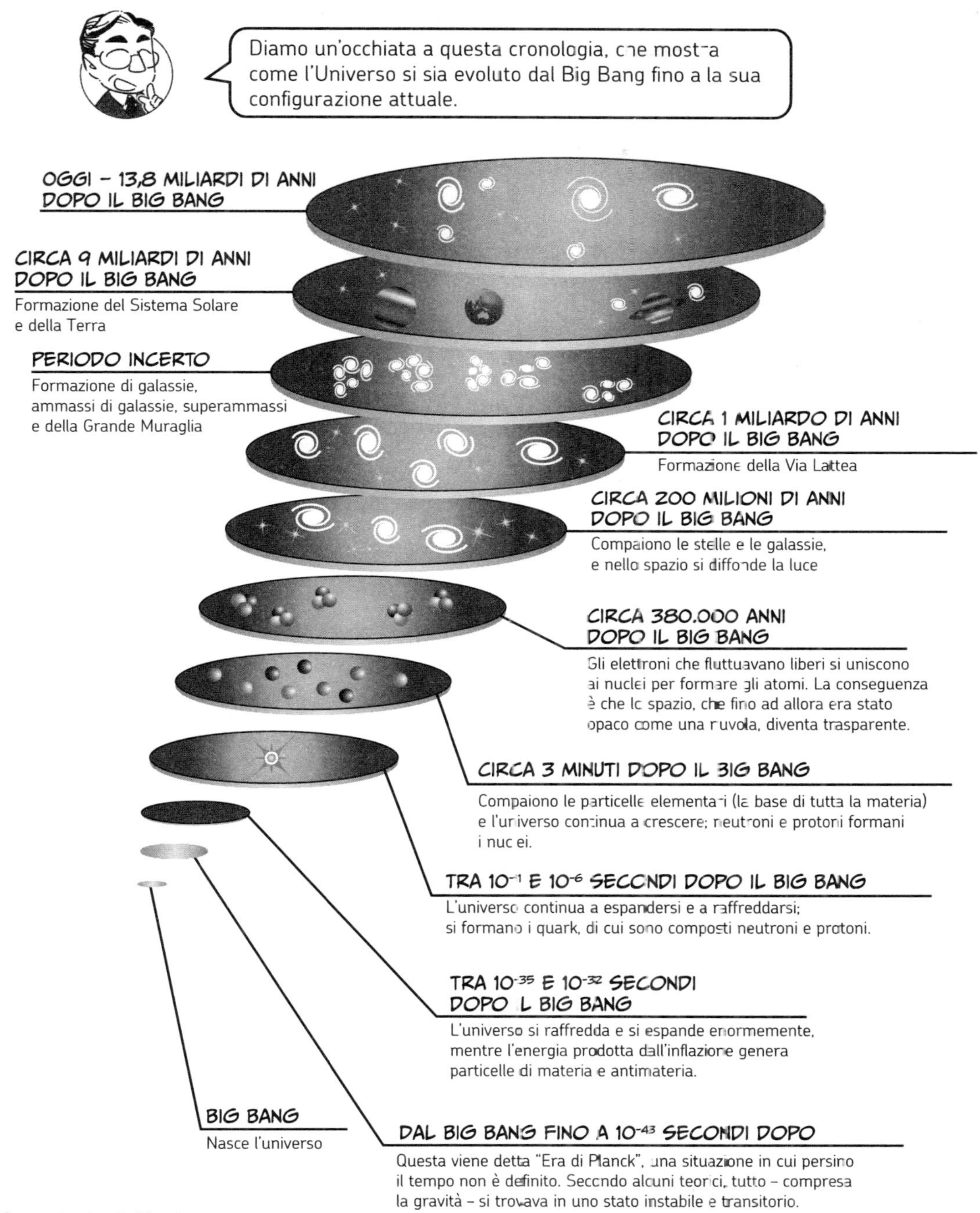

Cronologia dell'universo

Ma prima del Big Bang l'Universo aveva una storia?

Questa questione non è semplice da inquadrare e da capire. Un intervallo di tempo particolarmente misterioso è quello dalla nascita a 10^{-43} secondi, che viene chiamato *Era di Planck*. Non esisteva nulla per misurare il tempo o la gravità e non esisteva quindi neppure la nozione di una fisica per descrivere ciò che avveniva e come l'Universo si stava evolvendo in questo periodo. Non possiamo quindi dire altro che l'Universo era nato e che all'istante 10^{-43} aveva assunto una certa configurazione.

Wow! Allora c'è qualcosa che persino il professore non capisce fino in fondo!

Sembri quasi felice che sia così!

Ci sono un sacco di cose che non capisco. Tornando all'immagine del palloncino, la nascita dell'Universo corrisponde all'istante in cui viene prodotta la gomma di cui è fatto. Ma sul perché abbia iniziato improvvisamente a espandersi ci sono diverse ipotesi.

Quel periodo di espansione si chiama *inflazione*, giusto?

Esatto! Secondo molti astrofisici l'inflazione ha avuto luogo a causa dell'energia creata dal Big Bang.

E lei ci crede, Professore?

Sono parzialmente d'accordo con la teoria dell'Inflazione, ma ho le mie riserve verso una teoria secondo cui l'Universo sarebbe semplicemente nato da una condizione nella quale non esisteva assolutamente nulla, e non solo lo spazio, ma anche il tempo sarebbe stato creato in quell istante.

Anche il tempo?

Se sosteniamo che l'Era di Planck "accadde" immediatamente dopo la nascita dell'Universo, probabilmente dovremmo accettare il fatto che anche il tempo è nato allora. Ma mi sembra privo di senso dire che c'è stato un tempo in cui non c'era il tempo. Tuttavia, l'Universo è nato in una condizione prima della quale *nulla* esisteva. Se questo tipo di attività la consideriamo "cambiamento" e la chiamiamo "tempo", allora appare ragionevole dire che il tempo nato insieme al Big Bang è soltanto un tempo particolare e specifico del nostro Universo. Credo che a questo si possa credere.

Sì, anch'io. Ragazzi, chi l'avrebbe mai detto che studiare l'Universo avrebbe sollevato tutti questi problemi filosofici!

TRE PROVE A FAVORE DELLA TEORIA DEL BIG BANG

All'inizio, la comunità scientifica considerava il Big Bang una teoria assolutamente stravagante, ma col tempo furono effettuate osservazioni che la convalidarono e sempre più scienziati cominciarono ad accettarla.

Prove a favore del Big Bang – Reperto A: la radiazione cosmica di fondo

Nel 1964 la società statunitense Bell Laboratories effettuò una scoperta del tutto accidentale usando un'antenna radio costruita per monitorare i satelliti per le telecomunicazioni. L'interferenza di fondo, o "rumore", nei dati era causata da un segnale a microonde su una lunghezza d'onda specifica proveniente dallo spazio, da tutte le direzioni. Oggi chiamiamo quel segnale *Radiazione Cosmica di fondo* e subito i sostenitori della teoria del Big Bang ipotizzarono che fosse stata generata dalla temperatura dello spazio (circa 3.000 gradi Kelvin) nel periodo in cui elettroni e protoni, che fino ad allora erano stati liberi, iniziarono a combinarsi (circa 380.000 anni dopo il Big Bang). Stando a queste ipotesi, gli atomi cominciarono a formarsi, lo spazio diventò trasparente alla radiazione e le onde elettromagnetiche emesse all'epoca hanno viaggiato fino a raggiungere oggi la nostra posizione. A causa dell'espansione dello spazio, da allora la loro frequenza è diminuita e oggi corrisponde a una temperatura di 3 gradi Kelvin, costante in ogni punto dell'Universo. L'ipotesi è stata stupendamente confermata dalla rilevazione sperimentale di una temperatura di 2,725 gradi Kelvin. La radiazione cosmica di fondo è stata analizzata scrupolosamente dal satellite Cosmic Background Explorer (COBE), lanciato dalla NASA nel 1989, e ha contribuito enormemente alla comprensione dell'Universo primordiale. La scoperta accidentale della radiazione di fondo fu premiata col Premio Nobel per la Fisica nel 1978.

Prove a favore del Big Bang – Reperto B: i rilievi del satellite WMAP

La sonda Wilkinson Microwave Anisotropy Probe (WMAP), lanciata nel 2001 e operativa fino al 2010, ha osservato e misurato le temperature della radiazione di fondo a microonde in tutto il cielo. Dai dati raccolti è diventato chiaro che più del 72% del contenuto totale dell'Universo consiste attualmente di *energia oscura* (energia intrinseca allo spazio vuoto) e che la materia costituisce il restante 28%. Peraltro, la maggior parte della materia è *materia oscura*, mentre la materia ordinaria, o "barionica" (quella costituita da protoni e neutroni) costituisce solo il 4,6%. I risultati di WMAP sono inoltre in accordo con le principali previsioni della teoria dell'inflazione, secondo cui immediatamente dopo la nascita dell'Universo si è verificata un'espansione improvvisa.

Prove a favore del Big Bang – Reperto C: la composizione chimica delle stelle

Le osservazioni hanno dimostrato che nelle stelle idrogeno ed elio sono presenti in un rapporto pressoché costante di 3:1. La spiegazione più logica del perché questi due elementi siano presenti in quantità così grandi e in un rapporto così preciso si sposa perfettamente con la Teoria del Big Bang. Idrogeno ed elio sono gli elementi chimici più leggeri. L'abbondanza relativa degli elementi leggeri nelle stelle, seguiti via via da quelli subito più pesanti, è in accordo con l'ipotesi che l'Universo sia iniziato con un'esplosione, che avrebbe prodotto temperature elevate, che a loro volta avrebbero indotto la materia a organizzarsi in modo da produrre grandi quantità di particelle leggere e quantità molto minori di particelle più pesanti.

NON CREDO DI AVERE CAPITO BENE...
MMM...
QUAL È IL PROBLEMA?
BE', ALLORA: ALL'INIZIO C'È STATA UNA GRANDE ESPLOSIONE ED È NATO L'UNIVERSO, OKAY?
BOOOOOMB
POI, LA MATERIA NON ERA SEMPLICEMENTE SPARSA TUTTA IN GIRO IN PEZZI PICCOLI PICCOLI?
NO, NON È ANDATA COSÌ.
PIÙ PRECISAMENTE, A ESPLODERE FURONO LE PARTICELLE DI LUCE, I FOTONI. SONO INDISTRUTTIBILI E NON FURONO RIDOTTI A "PEZZI PICCOLI PICCOLI".
QUANDO NELLA FASE INFLATTIVA L'UNIVERSO SI È ESPANSO ALL'IMPROVVISO, È STATA GENERATA SOLO LUCE E NON MATERIA.
I FOTONI SONO PARTICELLE ELEMENTARI?

PARTICELLE ELEMENTARI? CHE RAZZA DI LINGUA PARLA? GRECO? CINESE?
ABBIAMO GIÀ PARLATO DI PARTICELLE ELEMENTARI NELLA CRONOLOGIA DELL'UNIVERSO!
UH?
PER FARLA CORTA, PERCHÉ IL BIG BANG NON SAREBBE UNA NORMALE ESPLOSIONE...
...GLORIA?
UH... NON SAPREI!
FRUSC
KANTA! PASSA!
NON LO SO NEANCH'IO!
E TI SEMBRAVA... A LEI, PROFESSORE!
NON È SEMPLICE DA SPIEGARE. LE PARTICELLE ELEMENTARI SONO LE UNITÀ MINIME E INDIVISIBILI CHE COSTITUISCONO LA MATERIA. IN ORIGINE SI PENSAVA CHE FOSSERO GLI ATOMI, MA OGGI IL TITOLO VA A QUARK E LEPTONI.
I FOTONI SONO CLASSIFICATI COME "PARTICELLE DI GAUGE", CIOÈ PARTICELLE CHE VEICOLANO LE FORZE VERSO ALTRE PARTICELLE. SI PENSA CHE NELL'UNIVERSO PRIMORDIALE I QUARK SIANO NATI DAI FOTONI.
MOLECOLE
ATOMO
PARTICELLA ELEMENTARE
QUARK
FOTONE
LEPTONE
QUARK E LEPTONI SONO PARTICELLE ELEMENTARI CLASSIFICATE COME FERMIONI, MENTRE I FOTONI RICADONO NELLA CATEGORIA DEI BOSONI.

E A QUEL PUNTO SI FORMÒ LA MATERIA, OKAY?
MMM...
BE', DICIAMO CHE INTORNO ALLA NASCITA DELLA MATERIA C'È UNA SPECIE DI MISTERO.
MISTERO?!
INOLTRE, QUA COMPARE IN SCENA UN FANTASMA?
UN FANTASMA?
PIANTATELA!
SE ESISTE LA MATERIA DEVE ESISTERE ANCHE L'*ANTIMATERIA*. IN TERMINI DI UNITÀ (CIOÈ PARTICELLE) ELEMENTARI, PER OGNI TIPO DI QUARK DEVE ESISTERE UN *ANTIQUARK* CON LA STESSA MASSA, MA CON ALTRE PROPRIETÀ (COME LA CARICA ELETTRICA) DI VALORE OPPOSTO.

IL FANTASMA SAREBBE QUESTA ROBA... L'ANTIMATERIA?
TOGLITI QUELLO STUPIDO COSTUME!
FORSE "OPPOSTO" È MEGLIO DI "FANTASMA"... PERCHÉ QUANDO UN QUARK E UN ANTIQUARK SI SCONTRANO, SI ANNICHILANO, CIOÈ SI DISTRUGGONO COMPLETAMENTE A VICENDA.
IO SONO UN QUARK!
IO SONO UN ANTIQUARK!
BUM!
NON È DIFFICILE DA CAPIRE, NO? QUANDO DA UN FOTONE SI CREA UN QUARK VIENE CREATO ANCHE UN ANTIQUARK. SI CHIAMA *PRODUZIONE DI COPPIA* E LA DISTRUZIONE DI UNA COPPIA SI CHIAMA *ANNICHILAZIONE*.
MMM... MA SE UN QUARK E UN ANTIQUARK VENGONO GENERATI INSIEME, NON DOVREBBERO ANCHE SCOMPARIRE INSIEME IMMEDIATAMENTE?
PRECISAMENTE!
ED È QUESTO, MIA CARA, IL MISTERO!
PERSINO IL PROFESSORE È ENTRATO NELLA PARTE!

* LE RICERCHE DEI TRE PREMI NOBEL PER LA FISICA DEL 2008, YOICHIRO NAMBU, MAKOTO KOBAYASHI E TOSHIHIDE MASUKAWA, POTREBBERO FORNIRE DEGLI SPUNTI PER RISOLVERE L'ENIGMA. SE VI INTERESSA, DATECI UN'OCCHIATA!

Circa tre minuti dopo il Big Bang la temperatura era crollata a circa 900 milioni di gradi Kelvin.

"Crollata" a 900 milioni di gradi?! Ma è ancora un sacco!

Be', visto che quando si sono formati i quark era intorno ai 1.000 miliardi di gradi Kelvin, in effetti è proprio un bel crollo!

Quando la temperatura scese a questi livelli, cominciarono a formarsi i nuclei di idrogeno e di elio, gli elementi chimici più semplici. In altre parole, era nata la materia. Ma la sua distribuzione non era per nulla omogenea.

In altre parole, la materia non era presente nello spazio in maniera uniforme. Alcune zone ne contenevano più di altre.

E come mai?

Non lo sappiamo. Ma quando osserviamo i fenomeni della natura, vediamo che quasi mai tutto si assesta in una condizione di perfetta uniformità. Proviamo a fare un esperimento mentale.

Vuole dire un esperimento che effettuiamo con la mente e l'immaginazione?

Esatto! Per esempio, supponiamo di lanciare un sacco di palline sul pavimento di una stanza. Che cosa pensate che accadrà?

Be', certamente non si spargeranno in maniera perfettamente uniforme... in alcuni punti saranno più dense, in altri ce ne saranno poche.

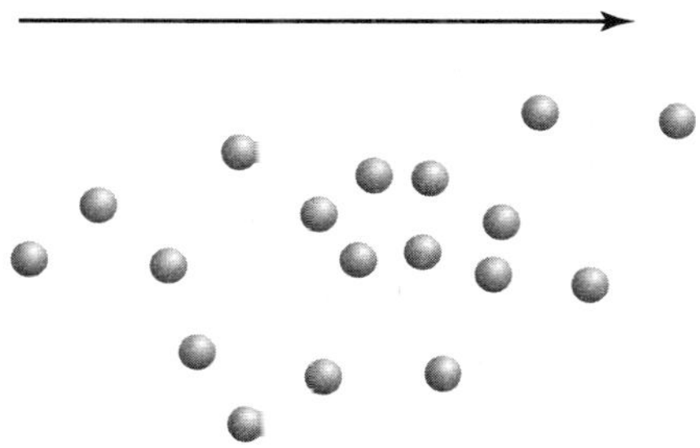

E se il pavimento non è perfettamente liscio, od orizzontale, le palline rotoleranno via andando a raccogliersi negli avvallamenti.

Questa è un'altra storia!

No, no... dobbiamo prendere in considerazione anche questo. Io penso che quando la materia cominciò a formarsi – quando l'Universo era molto giovane – con ogni probabilità la forza di gravità non fosse ovunque la stessa. Che ci fossero delle variazioni. In questo caso, dove la gravità era maggiore ci fu un maggior accumulo di materia. Questo spiegherebbe una distribuzione non uniforme.

Giusto. Poi, dopo i piccoli gruppi di galassie, sarebbero stati attratti anche i più grandi.

Precisamente. Quando la materia comincia ad aggregarsi, lo farà sempre di più, in obbedienza alla legge della gravitazione universale. Si pensa che sia così che si sono formate le galassie e gli ammassi di galassie.

L'intuizione di Kanna è proprio sul pezzo, non è vero?

Eh, eh, eh!

Ma c'è una cosa strana...

Che cosa?

Se sempre più materia si accumula dove c'è n'è già, perché alla fine non si concentra tutta nello stesso punto?

Già... è vero.

Tu che ne pensi, Kanta?

Andiamo sul difficile... questa cosa non la capisco neanch'io, Professore...

Decisamente misterioso, non trovate anche voi? Se in mezzo al pavimento ci fosse un ampio avvallamento, tutte le palline si concentrerebbero lì.

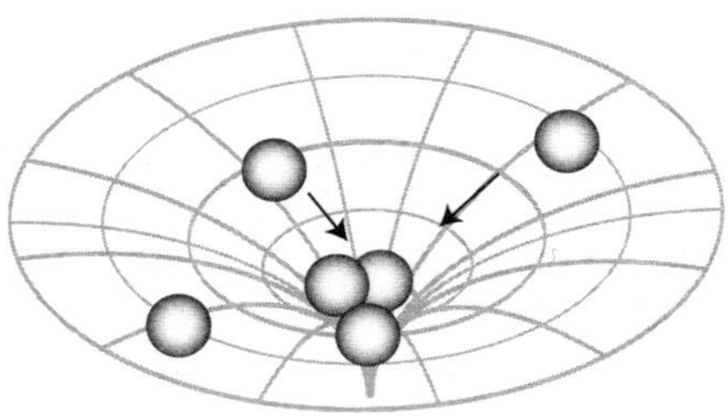

Se è andata così, come mai nell'Universo non c'è un'unica super-stella circondata soltanto da spazio vuoto?

Se fosse andata così, in quel punto la gravità sarebbe divenuta spaventosa e probabilmente avrebbe prodotto un colossale buco nero... da cui non sarebbe uscita neppure la luce. Sempre riprendendo il nostro esempio, il peso di troppe palline concentrate in un punto avrebbe sfondato il pavimento e ci sarebbero cadute dentro!

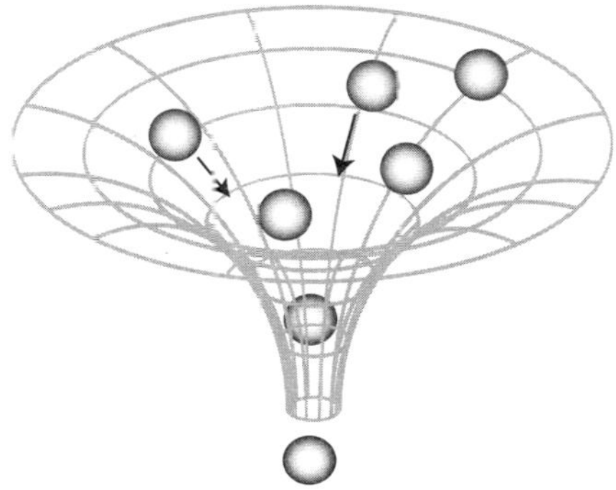

Sarebbe stato un Universo terribile.

Tremendo!

Concordo. Proseguendo nell'analogia, possiamo dire che le palline non si sono concentrate nello stesso punto perché in realtà il "pavimento" del nostro Universo era costellato di tanti avvallamenti microscopici che hanno fatto in modo che andassero a raccogliersi in punti diversi. Sarebbe stato questo a permettere a stelle e buchi neri di convivere a una certa distanza le une dagli altri. Poi, a mano a mano che l'Universo si espandeva, altra materia si sarebbe raccolta negli "avvallamenti" del "pavimento", formando strutture su larga scala come le galassie, gli ammassi di galassie e la Grande Muraglia.

Ci sono ancora un sacco di misteri, non è vero?

QUINDI L'UNIVERSO COM'È OGGI NASCE DALL'ESPANSIONE...
MANCANO SOLO DUE SETTIMANE AL FESTIVAL...
E ANCORA NON HO UNO STRACCIO DI IDEA PER LA RAPPRESENTAZIONE.
どどんより
TRISTEZZA
ANCHE SE...
ACCIDENTI A LORO...
HANNO DIMENTICATO CHE, SE NON METTIAMO SU UNO SPETTACOLO, IL CIRCOLO VERRÀ CHIUSO?
STARNAZZ
STARNAZZ
È COME SE A LORO NON IMPORTASSE..
PROFESSORE!
VISTO CHE L'UNIVERSO SI ESPANDE...

...SE LO ATTRAVERSASSIMO TUTTO, ARRIVEREMMO ALLA FINE, NO? AL CONFINE.
COM'È FATTO IL CONFINE DELL'UNIVERSO?
UH...
COSÌ?
BE', IL PUNTO È CHE L'ATTUALE CONFIGURAZIONE DELL'UNIVERSO È PIUTTOSTO LONTANA DALLA COMUNE IDEA DI "SPAZIO".
ANCHE VIAGGIANDO FINO ALLA FINE DELL'UNIVERSO... NON CREDO CHE CI SAREBBE UN "CONFINE", COME PENSI TU.
OH.
IO ME LO IMMAGINAVO COSÌ.
*FINE DELL'UNIVERSO – PERICOLO: CADUTA
UH.

BE'... SE L'UNIVERSO È IN CONTINUA ESPANSIONE...
...CHE COSA C'È LÀ?
IN EFFETTI, QUELLA È PROPRIO LA FINE DELL'UNIVERSO...
UN MOMENTO... CHE COS'HA DETTO?!
...
CREEEK
YAMANE?
VOI...

HO SCRITTO IL MIGLIOR TESTO TEATRALE *DI TUTTI I TEMPI!*
I DETTAGLI POSSIAMO CHIEDERLI AL PROFESSORE PIÙ TARDI.
DICO BENE?!
SÌ, SÌ, NATURALMENTE!
DOBBIAMO COMINCIARE LE PROVE.
PREPARIAMOCI PER IL FESTIVAL!
ADESSO?!

GLI ALIENI ESISTONO?

Nel Capitolo 4 continueremo a discutere sulla possibile natura dei "confini dell'Universo". Prima però consideriamo una domanda che ricorre spesso: esistono gli alieni?

Cominciamo dalle conclusioni: molti scienziati sono convinti che altri esseri senzienti come gli esseri umani esistano effettivamente, da qualche parte. Questa conclusione si basa sul *Principio Cosmologico*.

Il Principio Cosmologico afferma che l'Universo è omogeneo (con le stesse caratteristiche) e isotropo (in ogni direzione) su larga scala. Questo significa che se prendeste in esame un bel pezzo d'Universo e poi un altro, preso da una qualsiasi altra parte, questi non differirebbero più di tanto. Non specificamente in termini di "somiglianza", anche se ciascuna delle due parti avrebbe aree affollate di ammassi di galassie, altre con poche galassie e altre ancora del tutto vuote. Quello che il Principio afferma è che le stesse leggi fisiche valgono ovunque, che non cambiano se andiamo da un punto all'altro dell'Universo.

$F = ma$ sarà vero sempre e ovunque.

All'inizio della nostra storia, noi esseri umani abbiamo avuto l'impressione che la Terra fosse un posto unico e abbiamo creduto in un sistema geocentrico. Poi, a mano a mano che i risultati delle osservazioni trovavano una spiegazione più logica, è nata l'idea del Sole al centro di tutto, che è sviluppata nel modello eliocentrico.

Seguendo gli stessi schemi di ragionamento, si cominciò a mettere in discussione la teoria che la vita fosse stata creata solo sul pianeta Terra. Stando Al Principio Cosmologico, la Terra non è in alcun modo un posto speciale e nell'Universo devono pertanto esistere altri pianeti che ospitano ambienti simili, dove la vita è nata e si sta evolvendo. In altre parole, secondo questo punto di vista gli alieni esistono!

CALCOLIAMO IL NUMERO DELLE CIVILTÀ EXTRATERRESTRI

Anche se probabilmente l'impianto del Principio Cosmologico è corretto e da qualche parte potrebbero esistere esseri alieni, resta il problema di quanto comune sia effettivamente la vita al di fuori della Terra.

Nel 1961 l'astronomo americano Frank Drake (1930) pubblicò un'interessante formula nota come *Equazione di Drake*, che ci permette di stimare in maniera approssimativa la distribuzione delle civiltà extraterrestri nella galassia e stabilire se siamo in grado di comunicare con loro.

L'equazione è questa $N = R^* \times f_p \times n_e \times f_l \times f_i \times f_c \times L$

- *N*: numero delle civiltà extraterrestri presenti nella nostra galassia con cui la comunicazione potrebbe essere possibile
- *R**: tasso medio annuo di formazione delle stelle nella nostra galassia
- f_p: frazione di quelle stelle che posseggono pianeti
- n_e: numero medio dei pianeti su cui la vita può potenzialmente attecchire, in ogni sistema stellare dotato di pianeti
- f_l: frazione dei suddetti sistemi stellari in cui nasce effettivamente la vita
- f_i: frazione dei suddetti sistemi stellari dove la vita si è evoluta in forme intelligenti
- f_c: frazione delle suddette civiltà intelligenti che hanno sviluppato la comunicazione interstellare
- *L*: durata media del periodo da cui le suddette civiltà effettuano comunicazioni interstellari

Per applicare la formula dobbiamo determinare i valori dei vari parametri, ma questo è *molto* difficile perché tantissimi fattori non sono noti. Utilizzando i dati a disposizione di Drake nel 1961 otteniamo un valore di *N* molto maggiore di 1. In altre parole, Drake concluse che nella galassia esistevano molte civiltà tecnologicamente avanzate, abbastanza – almeno – dal punto di vista della comunicazione.

Anche se a molti l'Equazione di Drake sembra un trucchetto da salotto, molti studiosi, tra cui Carl Sagan (1934-1996) hanno sostanzialmente sposato l'idea di Drake e pensano che esista effettivamente l'interessantissima possibilità che gli extraterrestri possano comunicare con noi (anche se i diversi valori calcolati per *N* variano da 10 a 1.000.000). Nonostante tutte le approssimazioni dovute ai diversi valori dei parametri, gli alieni potrebbero essere più vicini di quanto pensiamo.

LA VITA EXTRATERRESTRE E UN FISICO DI FAMA MONDIALE

Nella nostra galassia esistono tra i 200 e i 400 miliardi di sistemi planetari simili al nostro Sistema Solare e non dovrebbe essere strano che possiedano pianeti con ambienti simili a quello della Terra, dove si è sviluppata la vita. Il celebre fisico italiano Enrico Fermi (1901-1954), oltre a vincere il Premio Nobel, aveva contribuito a sviluppare il primo reattore nucleare al mondo, e contestava questo punto di vista ottimistico.

Un giorno, nel 1950, mentre si trovava a pranzo con amici e colleghi scienziati, Fermi ingaggiò una discussione sull'esistenza degli alieni: l'equazione di Drake sarebbe stata pubblicata solo 11 anni dopo, ma all'epoca gli astronomi erano già fiduciosi del fatto che la presenza di civiltà extraterrestri fosse altamente probabile e la cosa interessava anche gli altri fisici, come appunto Fermi.

Fermi approfondì la questione ponendosi il problema di *dove* potessero essere gli alieni.

La domanda sembra semplice, ma va dritta al cuore della questione.

Se nella galassia esistono molte civiltà extraterrestri, anche se sarebbe difficile imbattersi nelle loro astronavi, si dovrebbero almeno captare le onde radio usate per le comunicazioni. Però non ne abbiamo mai trovato alcuna traccia.

Fermi era una persona d'azione, oltre che artefice di grandi risultati in fisica teorica, ed è per questo che il seguente fatto (per quanto l'esistenza degli alieni appaia probabile non ne abbiamo alcuna prova) viene chiamato *il Paradosso di Fermi*.

Da allora molti hanno cercato di dimostrare l'esistenza di civiltà extraterrestri con strumenti come l'Equazione di Drake, ma tutti hanno finito con lo scontrarsi col problema dell'assenza di qualsiasi prova oggettiva. Il Paradosso di Fermi non può essere preso alla leggera.

QUANTO È COMUNE LA VITA?

Sulla Terra gli esseri viventi sono ovunque ma è una consapevolezza che abbiamo da relativamente poco tempo. Nel 1977, alcuni scienziati che stavano studiando sorgenti idrotermali a grande profondità nell'Oceano Pacifico scoprirono delle strane creature. Una di queste era il *verme tubo*.

Una sorgente idrotermale è una spaccatura sul fondo dell'Oceano da cui fuoriesce acqua bollente. Di solito, l'area circostante è satura di sostanze velenose come l'acido solfidrico, e si era sempre pensato che non potessero ospitare forme di vita. Ma i vermi tubo hanno sviluppato una relazione simbiotica con batteri chemiosintetici della zona che vivono dentro di loro: questi batteri usano l'acido solfidrico come fonte di energia, producendo materia organica che i vermi usano per nutrirsi e, in questo modo, colonizzare anche le profondità dell'oceano. Oltre ai vermi tubo, molte altre creature viventi – come pesci o granchi che vivono nei pressi delle sorgenti – costituiscono di fatto degli ecosistemi indipendenti, cosa che rappresentò una scoperta di grande importanza.

Lo studio di queste creature dalle caratteristiche estreme continua ancora oggi e molti scienziati sostengono che una qualche forma di vita esista praticamente dappertutto sulla Terra, dalla cima delle montagne più alte alle profondità dell'oceano e persino sottoterra. Si pensa addirittura che 3,5 miliardi di anni fa esistessero dei microbi mangia-lava.

Il fatto che creature viventi possano adattarsi ad ambienti così difficili è sicuramente una buona notizia per chi crede all'esistenza della vita extraterrestre. Per esempio, la superficie di Europa (una delle lune di Giove) è ricoperta di ghiaccio ma esiste la concreta possibilità che ci sia un oceano e forse sorgenti idrotermali sotto la superficie: in questo caso, potrebbero anche esserci organismi viventi.

Quest'ipotesi ha una confutazione piuttosto forte.

Se gli esseri viventi sono in grado di colonizzare anche gli ambienti più ostili, perché le rocce lunari riportate sulla Terra dalle missioni Apollo non mostrano alcuna traccia di una vita

Il Messaggio di Arecibo è stato un tentativo di inviare informazioni su di noi a civiltà aliene. Venne inviato nel 1977 verso l'Ammasso Messier 13 ed era stato scritto da Frank Drake in persona: comprendeva informazioni sugli elementi chimici e sul DNA, oltre a immagini di un essere umano, del Sistema Solare e del radiotelescopio di Arecibo.

Vermi tubo

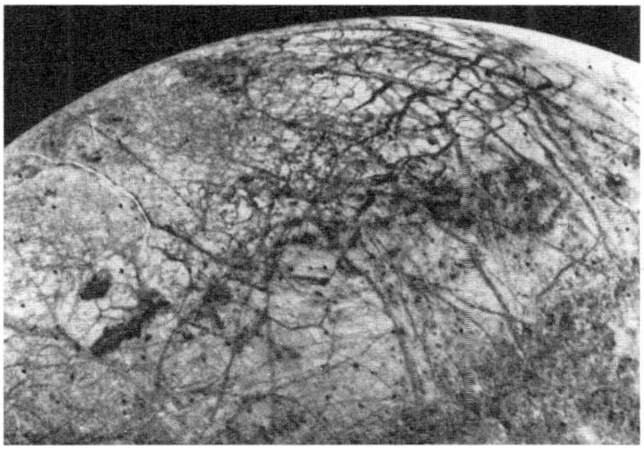

Europa

passata? Perché non abbiamo trovato tracce di vita su Marte, dove quasi certamente c'è stata acqua?

Non sono stati ritrovati neppure dei microbi, il che significa non solo che la vita primordiale (la base dell'Evoluzione) potrebbe non essere presente su Marte e sulla Luna, ma potrebbe anche non esservi mai stata. Questo suggerisce che la probabilità dell'insorgenza della vita su un qualsiasi pianeta potrebbe essere minore di quanto pensiamo: in altre parole, anche se si fosse in presenza di un ambiente in grado di supportare la vita, non è detto che questa si sia sviluppata.

Per la cronaca, ricordiamo che alcuni studiosi sostengono l'ipotesi secondo cui la vita sviluppatasi sulla Terra vi era giunta trasportata da meteoriti. In questo caso, in una qualche misura, la ricerca di una forma di vita aliena è anche la ricerca dell'origine della vita sulla Terra.

QUAL È IL PIÙ VICINO SISTEMA SOLARE IN GRADO DI OSPITARE VITA EXTRATERRESTRE?

Anche se alcune delle considerazioni precedenti possono sembrare pessimiste, ora cercheremo di individuare un corpo celeste su cui potrebbe esistere la vita, sulla base di considerazioni ambientali.

All'interno del Sistema Solare, Ganimede (un satellite di Giove, come Europa) e Titano (una delle lune di Saturno) sono dei candidati promettenti. In altre parole, è altamente probabile che su entrambi esistano l'acqua o il ghiaccio e in questo caso, non può essere scartata la possibilità di vita su Marte, dove pure è stato individuato un lago ghiacciato.

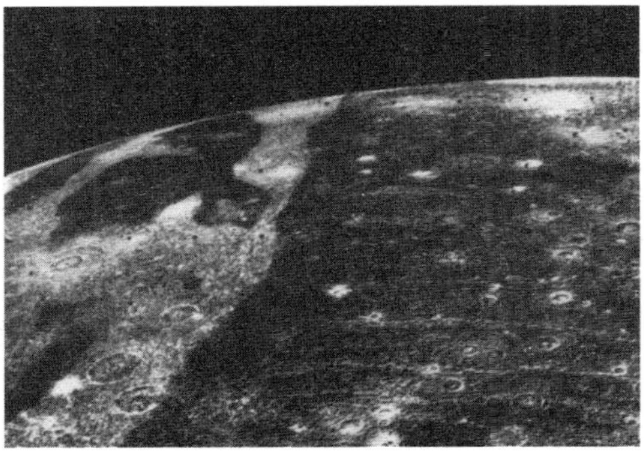

Ganimede

All'esterno del Sistema Solare gli astronomi hanno scoperto che la stella più vicina al Sole, la nana rossa Proxima Centauri, ha un pianeta di massa simile alla Terra che orbita a una distanza dalla stella tale da consentire, in linea di principio, la presenza di acqua liquida. Questo potrebbe essere il pianeta abitato più vicino al nostro! Esistono poi due sistemi planetari molto vicini, attorno a stelle simili al Sole. Si tratta di Tau Ceti, a circa 12 anni-luce, ed Epsilon Eridani, a 10,5 anni-luce. Queste stelle vengono tenute costantemente sotto osservazione con i radiotelescopi e l'Istituto SETI (Search for Extra-Terrestrial Intelligence), fondato da Frank Drake e Carl Sagan, ha progetti in Giappone, Stati Uniti ed Europa. Il giorno in cui incontreremo gli alieni potrebbe non essere così lontano.

La sonda Kepler della NASA è stata lanciata nel 2009 con l'obiettivo di localizzare pianeti della dimensione della Terra (e più grandi), all'interno o nei pressi di quella che gli astronomi chiamano *zona abitabile*: i pianeti in orbita attorno alla loro stella nella zona abitabile si trovano alla distanza ottimale per possedere acqua liquida in superficie (e forse vita), non essendo troppo caldi o troppo freddi. Kepler tiene costantemente sotto osservazione 145.000 stelle in un determinato campo visivo, per rilevare cambiamenti periodici nella luminosità della stella. Un affievolimento indicherebbe infatti che uno o più pianeti la stanno momentaneamente ricoprendo. I pianeti confermati scoperti da Kepler fino al settembre 2016 sono 2.330. Se si aggiungono a questi anche i pianeti scoperti con altri metodi si arriva a un totale di oltre 3500 pianeti, di cui una quindicina sono grandi più o meno come la Terra e nella zona abitabile della loro stella. Sulla base di questi risultati, gli scienziati hanno valutato che nella Via Lattea probabilmente esiste, in media, almeno un pianeta per ogni stella, e che quelli potenzialmente abitabili e di dimensioni simili alla Terra potrebbero essere fino a 11 miliardi. Per dettagli, visitate il sito *http://kepler.nasa.gov/*.

SIAMO IN GRADO DI CONTATTARE UNA CIVILTÀ EXTRATERRESTRE?

Ora cercheremo di capire in quale modo – nel caso in cui individuassimo una civiltà extraterrestre – saremmo in grado di comunicare.

Per una civiltà in una fase avanzata del suo sviluppo, il contatto avverrebbe con ogni probabilità attraverso le onde radio. Quelle usate per le comunicazioni sono sostanzialmente diverse da quelle prodotte dai fenomeni naturali e se le individuassimo potremmo cercare di contattare la civiltà che le ha prodotte inviando dei segnali nella stessa direzione. Il problema è che nel caso di stelle delle costellazioni di Cetus o Eridanus la distanza è superiore ai 10 anni-luce e per scambiare anche solo un semplice "Salve!" e "Piacere di conoscervi!" occorrerebbero più di 20 anni.

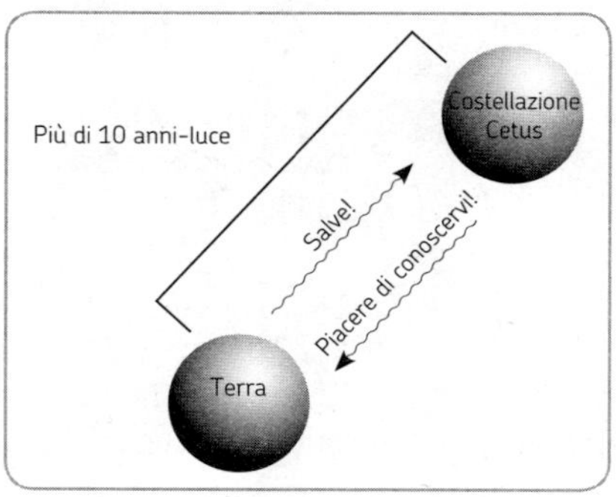

Questo semplice scambio di battute richiederebbe più di 20 anni.

Alpha Centauri, a cui appartiene Proxima Centauri, è il sistema di stelle più vicino al nostro Sistema Solare e dista 4,37 anni-luce: uno scambio di messaggi richiederebbe quindi una grande pazienza. Sarebbe una specie di relazione epistolare tra amici che si scambiano gli auguri solo a Natale: in pratica, riusciremmo a dialogare solo ogni 10 anni circa.

Se la comunicazione pura e semplice è sostanzialmente limitata, c'è una qualche possibilità di fare visita a bordo di un qualche mezzo spaziale?

Diciamo che in linea di principio, avendo a disposizione tempo e risorse, sarebbe possibile sviluppare un'astronave in grado di viaggiare a una velocità prossima a quella della luce e che si potrebbero trovare dei volontari per raggiungere una delle stelle a circa 10 anni-luce di distanza (l'andata e il ritorno richiederebbero complessivamente circa 20 anni). Ci sarebbe però il problema della gravità.

Gli esseri umani possono vivere in un ambiente sottoposto a un'accelerazione di gravità non troppo diversa da 1G, quella presente sulla Terra. Durante un viaggio nello spazio gli astronauti dovrebbero quindi allenarsi tutti i giorni per mantenere il tono muscolare, e anche così al ritorno sulla Terra la gravità sembrerà loro molto forte

L'astronave che appare nel film *2001: Odissea nello spazio* generava un campo gravitazionale attraverso la forza centrifuga (la forza che sembra applicarsi su un corpo sottoposto a rotazione attorno a un punto). Probabilmente questo sarebbe il modo migliore, ma lanciare una stazione del genere dalla Terra probabilmente sarebbe un problema e si dovrebbe ricorrere a una procedura in più fasi, creando prima una base nello spazio, o sulla Luna, assemblarvi l'astronave e poi da lì lanciarla nello spazio oltre il Sistema Solare.

GLI ASTRONAUTI PIÙ CORIACEI: I TARDIGRADI ("ORSI D'ACQUA")

Come abbiamo visto, dovrà passare ancora un po' di tempo perché gli esseri umani possano pensare seriamente di entrare direttamente in contatto con delle civiltà extraterrestri o di avventurarsi al di fuori del Sistema Solare. I migliori candidati al ruolo di "astronauti" al nostro posto sono le creature note come *tardigradi* (o più comunemente "orsi d'acqua").

Tardigrado.

I tardigradi sono animaletti microscopici, lunghi non più di 1,5 mm e, anche se assomigliano a delle specie di insetti, sono in realtà tutt'altro e se ne vanno in giro su quattro paia di zampette tozze.

Sono notevoli, creature poli-estremofile in grado di sopravvivere pressoché in qualsiasi ambiente, in situazioni dove qualsiasi altro essere vivente morirebbe. Un tardigrado può restare in vita fin quasi per 100 anni anche in condizioni di forte disidratazione (in uno stato detto di *anidrobiosi*). Oltre a ciò, questi "orsi d'acqua" possono sopportare intervalli di temperature da -273°C (praticamente lo zero assoluto) a 150°C, pressioni che vanno dal vuoto dello spazio a 75.000 volte la pressione atmosferica e dosi di raggi X più di 1.000 volte superiori a quelle letali per gli uomini.

I tardigradi "resuscitano" per muta della "pelle" esterna e in questo modo riescono a sopravvivere in un gran numero di ambienti, dai Tropici al Polo Nord, dalle montagne più alte alle profondità oceaniche e persino nelle acque ribollenti delle sorgenti termali. Di queste creature sorprendenti, ma anche comunissime, esistono un gran numero di varietà. Nel settembre 2008 un gruppo di ricerca svedese-tedesco eseguì un esperimento esponendo dei tardigradi per 10 giorni nello spazio. I risultati evidenziarono che erano in grado di sopportare il vuoto, temperature estremamente basse e i raggi ultravioletti provenienti dal Sole.

Un viaggio nello spazio significa lottare strenuamente contro un ambiente durissimo. Costruire un'astronave che permetta un viaggio sicuro a degli esseri umani sarebbe incredibilmente difficile, ma se i passeggeri fossero dei tardigradi il compito risulterebbe enormemente semplificato, perché potrebbero viaggiare in uno stato anidrobiotico e poi essere "resuscitati" a molti anni di distanza, su una stella lontana. Se si realizzasse un'impresa del genere, allora, a tempo debito potremmo avere organismi evolutisi dai tardigradi un po' dappertutto nell'Universo, così come accade ora sulla Terra.

UN TERZO METODO PER MISURARE LE DIMENSIONI DELL'UNIVERSO: POSSIAMO CALCOLARE LA DISTANZA DI UNA STELLA DALLE SUE CARATTERISTICHE?

Abbiamo già detto che la distanza da un corpo celeste può essere calcolata per triangolazione, usando la parallasse annuale e la distanza tra la Terra e il Sole. Ma se ricordate bene, gli angoli di parallasse sono talmente piccoli che riusciamo a misurarli solo per stelle poco più lontane di 1.000 anni-luce: è poco più dell'1% delle dimensioni della Via Lattea, stimata in circa 100.000 anni-luce. E nell'Universo ci sono più di 100 miliardi di galassie! Come possiamo fare a studiarlo oltre questa distanza?

Uno dei metodi più semplici è quello di confrontare le caratteristiche fisiche del Sole con quelle di altre stelle.

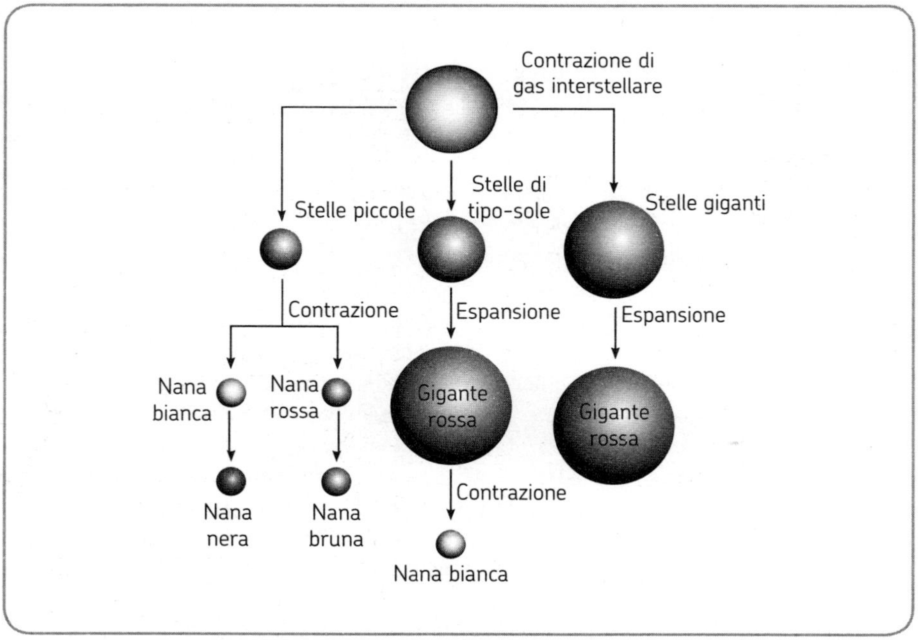

Classificazione stellare.

Le stelle simili al Sole risplendono di energia prodotta da reazioni di fusione, ma l'esatto tipo di reazione dipende dalla massa della stella (cioè dalla gravità).

Possiamo quindi concludere che se il colore delle stelle è simile, la luminosità di base (la magnitudine assoluta) di quelle stelle sarà in genere la stessa.

Il colore di una stella dipende direttamente dalla temperatura alla superficie; questo è abbastanza chiaro e intuitivo se consideriamo una normalissima fiamma: se è calda brucerà di un blu intenso, mentre una fiamma più fredda sarà di colore arancione, o rosso. Allo stesso modo, il colore delle stelle calde tende al blu, mentre quelle più fredde sono anche più rosse. La luminosità di una stella, cioè la quantità di luce emessa al secondo, dipende dalle sue dimensioni ma anche dalla temperatura; pertanto, se due stelle delle stesse dimensioni ci appaiono con lo stesso colore allora anche le loro luminosità non saranno molto diverse.

La magnitudine è una caratteristica fisica assoluta di una stella, che non dipende dalla distanza dall'osservatore. Se però ci allontaniamo da una stella ci apparirà più fioca, e più ce ne allontaniamo e più sembrerà meno luminosa. Infatti, raddoppiando la distanza riceveremo solo un quarto della quantità originale di luce misurata. Grazie a questa relazione quantitativa possiamo determinare la distanza di una stella confrontando la luminosità apparente con la magnitudine.

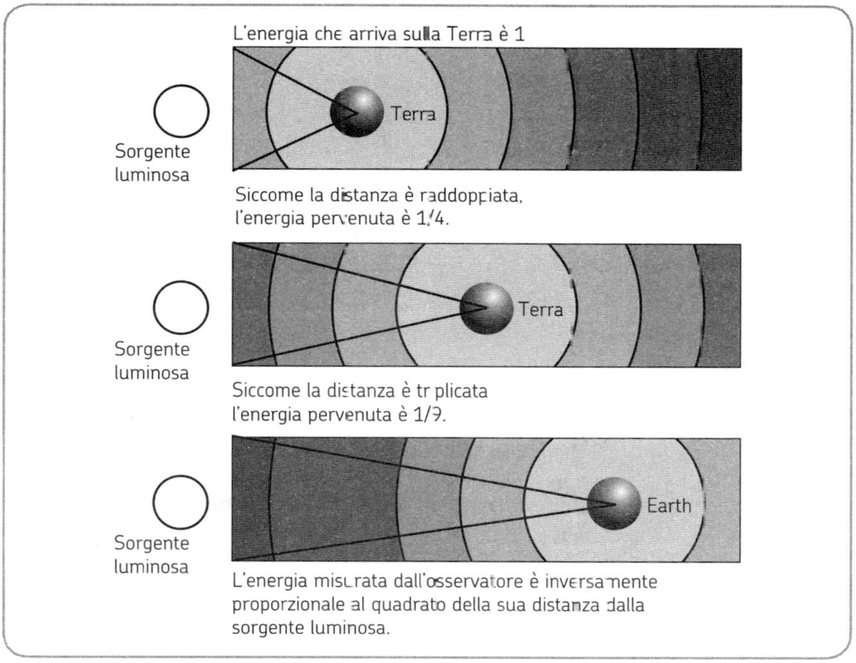

Misurazione della distanza con la magnitudine assoluta

Queste relazioni sono riassunte nel *diagramma Hertzsprung-Russell (diagramma H-R)*, proposto in maniera indipendente dall'astronomo danese Ejnar Hertzsprung e da quello statunitense Henry Norris Russell. Il diagramma H-R rappresenta una distribuzione di dati con il tipo spettrale di una stella (colore=temperatura di superficie) sull'asse orizzontale e la magnitudine assoluta della stella su quello verticale.

NOTA La magnitudine assoluta di una stella è la magnitudine che avrebbe la stella se fosse posta a una distanza di 10 parsec.

Anche se una stella si trova a una distanza misurabile col metodo della parallasse annuale, se per esempio ha il medesimo spettro del Sole, possiamo stimarne la magnitudine assoluta e quindi la distanza valutando la magnitudine apparente (la luminosità vista dalla Terra).

Entro certi limiti, la relazione tra magnitudine assoluta e spettro non è strettissima. Se un ammasso di materia o polveri interstellari si frappone al passaggio della luce, la luminosità di una stella non permetterà una stima precisa della magnitudine assoluta e quindi della distanza. Per questo gli astronomi nelle equazioni cercano di compensare questo effetto con misurazioni dirette e modelli affidabili.

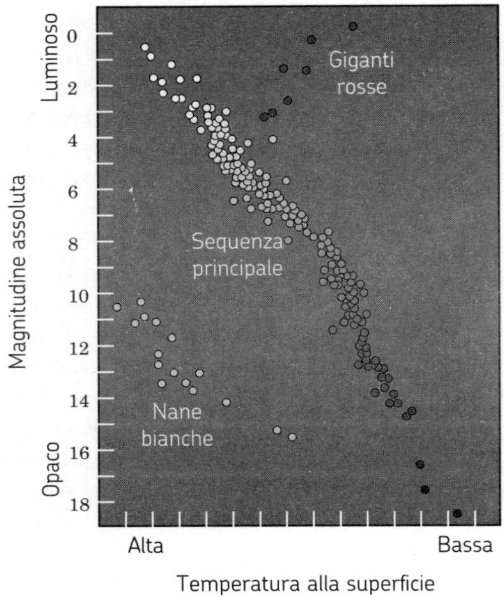

Diagramma Hertzsprung-Russell.

È interessante notare che le classificazioni spettrali utilizzate sia da Hertzsprung che da Russell furono messe a punto nei primi anni del Novecento da Annie Jump Cannon. All'epoca, molte astronome lavoravano per i loro colleghi raccogliendo osservazioni e dati sperimentali ed elaborando poi questi dati. Le "Harvard Computers", come venivano chiamate, erano spesso pagate molto poco, ma elaborarono la maggior parte dei lavori che permisero le scoperte di Shapley e Hubble. Cannon era una di queste "computer", fu la prima astronoma ammessa all'American Astronomical Society e a tutt'oggi ha catalogato più corpi celesti di chiunque altro.

LE STELLE A LUMINOSITÀ VARIABILE SONO I "FARI" DELL'UNIVERSO

Esiste un metodo più preciso per misurare le distanze? Fu l'astronomo americano Harlow Shapley (1885-1972) a rispondere a questa domanda, contribuendo in maniera significativa all'astronomia moderna.

In breve, Shapley notò la luce delle stelle variabili. Vi sono diversi motivi per cui la luce di una stella può variare. In alcuni casi, può essere la conseguenza della morte di una stella gigante, divenuta supernova, mentre in altri la variabilità può venire dal fatto che in realtà stiamo osservando due stelle: una luminosa e una più scura che orbitano accoppiate. Nella maggior parte dei casi però si tratta del rigonfiamento e della compressione periodica degli strati superficiali. Queste stelle vengono dette *stelle variabili pulsanti*.

Le pulsazioni sono provocate naturalmente dalla fusione nucleare. Nelle stelle dette *variabili cefeidi* i nuclei di elio si fondono insieme e formano nuclei più pesanti, di carbonio od ossigeno, provocando la contrazione della stella. A causa dell'instabilità degli strati esterni, la stella inizia a pulsare. Più lungo il periodo di variazione della luce delle stelle cefeidi variabili e maggiore la magnitudine assoluta.

Fu però l'astronoma Henrietta Leavitt dell'Harvard College Observatory, un'altra "computer", a scoprire questa relazione tra il periodo e la magnitudine. Catalogando le magnitudini delle stelle, notò la seguente regolarità nelle stelle variabili: più lungo era il periodo e più brillante era la stella. Pubblicò i suoi risultati nel 1908 e li confermò nel 1912, molto prima che Shapley utilizzasse le variabili cefeidi come argomento nel Grande Dibattito.

Shapley studiò questi dati e concluse che si poteva usare questa relazione per misurare le distanze, riuscendo prima a misurare la magnitudine apparente e il periodo di variabilità della luce. Osservando le variabili cefeidi negli ammassi globulari della Via Lattea, si rese conto che il Sistema Solare non si trovava al centro della galassia.

Quando gli astronomi cominciarono a usare le cefeidi variabili per misurare le distanze, era diventato possibile determinare con grande precisione le posizioni dei corpi celesti a distanza di circa 10 milioni di anni-luce, e la mappa del cielo venne drasticamente ridisegnata. I lavori di Shapley e Leavitt permisero quindi scoperte importanti, come per esempio l'esistenza di galassie al di fuori della Via Lattea e lo spostamento verso il rosso, cioè la prova che l'Universo si sta espandendo.

COME MISURARE DISTANZE ANCORA MAGGIORI

Usando le stelle variabili cefeidi e i progressi nelle tecniche di osservazione che ne derivarono, gli astronomi arrivarono a misurare le distanze fino a circa 100 milioni di anni-luce, a patto di accettare un certo margine di errore. Anche così, si trattava però soltanto circa dell'1% dell'Universo visibile. La regione di Universo che possiamo effettivamente osservare si spinge fino a miliardi di anni-luce dalla Terra, ma allargare il raggio delle osservazioni è sempre stato uno dei sogni degli astronomi.

Furono così introdotte alcune altre tecniche di misura.

SUPERNOVE

Una supernova di tipo Ia (un sistema stellare binario evoluto, consistente in una stella gigante o supergigante, e in una nana bianca) è caratterizzata da una magnitudine assoluta massima pressoché costante. Inoltre, la sua brillantezza è circa 100.000 volte maggiore di quella di una stella variabile cefeide! Emette la stessa luce di una galassia e la distanza può quindi essere misurata anche da molto lontano. Il limite di questa tecnica è che una supernova può essere osservata solo nell'istante in cui esplode, cioè alla fine della sua vita.

SPOSTAMENTO VERSO IL ROSSO

Sappiamo che più i corpi sono lontani dalla Terra e maggiore è la velocità a cui si allontanano, quindi lo spostamento verso il rosso dovuto all'espansione cosmica aumenta proporzionalmente alla distanza. Perciò, se misuriamo lo spostamento nelle lunghezze d'onda delle righe spettrali di una galassia, possiamo calcolare la velocità di quella galassia (e la sua distanza dalla Terra).

4

COME È FATTO IL CONFINE DELL'UNIVERSO?

DOVE VA L'UNIVERSO?
FESTIVAL DEL LICEO KOUKI
演劇部 かぐや姫
*KAGUYA-HIME, PRODOTTO E DIRETTO DA KANNA
CORAGGIO, NON C'È NESSUNO CHE SAPPIA RISPONDERE?
SOLO L'UOMO CHE CONOSCE I SEGRETI DELL'UNIVERSO PUÒ SPOSARE UNA PRINCIPESSA!

PIACERE, KAGUYA-HIME. COME STATE?
LA STAR DELLO SPETTACOLO
WOW!
CHE SPLENDORE!
È GLORIA!
KAGUYA-HIME ERA NATA IN UNA CANNA DI BAMBÙ E CREBBE FINO A DIVENIRE DI UNA BELLEZZA STRAORDINARIA.
MOLTI UOMINI DI INTELLIGENZA FURONO INVITATI A DARE DIMOSTRAZIONE DELLA LORO SAGGEZZA, MA LA SUA ERA UNA DOMANDA A CUI NESSUNO DI LORO SAPEVA RISPONDERE!
CHI DI VOI SAPRÀ RISPONDERE ALLA DOMANDA DELLA PRINCIPESSA?

GUARDATE LÀ! UN CONTADINO.
PANICO DA PALCOSCENICO
I-IO?
SÌ O NO... SAI RISPONDERE ALLA DOMANDA POSTA DALLA PRINCIPESSA?
ISHIZUKA-SENSEI NON CALCA UN PALCOSCENICO DA MOLTO TEMPO.
BE', NON POSSO RISPONDERE FINCHÉ NON SO DI CHE COSA SI TRATTA.
KAGUYA-HIME! LA DOMANDA!!!
MOLTO BENE...
PARTENDO A BORDO DI UN RAZZO E VIAGGIANDO FINO ALLA FINE DELL'UNIVERSO, CHE COSA TROVERAI?

NDT: IKKYU ERA UN SACERDOTE ZEN CELEBRE PER I SUOI GIOCHI DI PAROLE. LA PAROLA GIAPPONESE PER "PONTE" ("HASHI") SI PRONUNCIA COME QUELLA CHE SIGNIFICA "CONFINE".

NON È IL MOMENTO DI SCHERZARE!
FUORI DAL PALCO!
UNO DOPO L'ALTRO, TUTTI I PRETENDENTI FALLIRONO NEL RISPONDERE ALLA DOMANDA DI KAGUYA-HIME.
GRAZIE, SENSEI... PER OGGI ABBIAMO FINITO.
PANT PANT
OKAY...
I NOSTRI DUE OSPITI IMPORTANTI SONO ARRIVATI?
A QUESTO PROPOSITO... LA CONFERENZA SCIENTIFICA SI STA PROLUNGANDO...
ANCORA?
MI HANNO MANDATO UN MESSAGGIO DICENDO CHE SAREBBERO ARRIVATI PRESTO.
KANNA E GLI ALTRI DOVRANNO IMPROVVISARE FINCHÉ NON SARANNO QUI...

SI TRATTA DI UN PROBLEMA SCIENTIFICO DI ESTREMA IMPORTANZA!
NESSUNO SA RISPONDERE?
しーーん
COMINCIA A METTERSI MALE. NON POSSIAMO CONTINUARE AD ASPETTARE.
MI CHIEDO SE ARRIVERANNO MAI... QUEI DUE...
CUSATE...
...SI PUÒ?
TU, LÀ IN FONDO! FATTI AVANTI!

STRAP!
VIENI QUA, KANTA!!
COOO?!
PERMETTIMI DI PORTI UNA DOMANDA.
L'UNIVERSO POSSIEDE UN CONFINE?

CHE COSA INTENDI PER "CONFINE"?
DICONO CHE L'UNIVERSO SIA NATO COL BIG BANG E CHE ANCORA OGGI CONTINUI A ESPANDERSI.
PERCIÒ DEVE AVERE UN CONFINE, NON È VERO?
IN ALTRE PAROLE, COSA SUCCEDE NELLE AREE PIÙ REMOTE DELLO SPAZIO CHE SI STANNO DILATANDO?
L'ESPANSIONE DELL'UNIVERSO È UN FENOMENO DIVERSO DA QUALUNQUE ALTRO. NON ESISTE UN "CONFINE" NEL SENSO A CUI TI RIFERISCI.
L'UNIVERSO NON È UNA CROSTATA CHE DIVENTA SEMPRE PIÙ GRANDE AI BORDI A MANO A MANO CHE LA STIRI.
MA...

IN UN CERTO SENSO, IL CONFINE DELL'UNIVERSO È QUI, IN QUESTO STESSO LUOGO. SEMPLICEMENTE, NON LO VEDIAMO.
UH?
È QUI?
TUTT'ALTRO CHE SEMPLICE DA IMMAGINARE.
È VERO. MA VERIFICARLO CON GLI STRUMENTI ATTUALMENTE A DISPOSIZIONE DELLA SCIENZA...
...È IMPOSSIBILE. SONO DESOLATO.
NIENTE PAURA!
SORRISETTO

LA MIA NAVE!
PORTATELA!
VROOOMMM! VROOOMMM!
Q-QUESTA È...
LA NAVICELLA SPAZIALE CHE RESTITUIRÀ KAGUYA-HIME AL SUO MONDO!
LUCCICOSA
LUCCICOSA
SONO SOLO UN UMILE ATTREZZISTA...
SEI UN CONTADINO MOLTO BENE INFORMATO... ANCHE SE INDOSSI ABITI ALQUANTO STRANI.
STRANI
HAI DETTO...
"IL CONFINE DELL'UNIVERSO È QUI, IN QUESTO STESSO LUOGO."

PERCHÉ NON LO SCOPRIAMO ANDANDOCI CON LA MIA NAVICELLA, LA KAGUYA-GO?
E LUNGO LA STRADA POTREMMO ANCHE CERCARE IL MIO MONDO NATALE?
ARRIVANDO SULLA TERRA HO SBATTUTO LA TESTA E LA MIA MEMORIA È UN PO' ANNEBBIATA...

IL PIÙ VICINO PIANETA SIMILE ALLA TERRA
PER LA CRONACA, KAGUYA-HIME...
...PERCHÉ HAI POSTO PROPRIO QUESTA DOMANDA?
ALLACCIARE!
NON SONO IO A VOLERE UNA RISPOSTA...
?
SONO LE PERSONE COME *TE* CHE VOGLIONO SAPERE, VERO?
...!
IMMAGINO DI SÌ!

LA NAVICELLA KAGUYA-GO LASCIÒ LA TERRA, LANCIATA VERSO IL CONFINE DELL'UNIVERSO SENZA DEGNARE NEPPURE DI UNO SGUARDO LA LUNA.
BEN PRESTO SUPERÒ MARTE, GIOVE E SATURNO, PER POI USCIRE DAL SISTEMA SOLARE.
CONTADINO... APPARENTEMENTE, SEI L'UNICO A ESSERE INVECCHIATO...
PERCHÉ ERO GIÀ PIÙ ANZIANO ALL'INIZIO!
NON POTREMMO ANDARE PIÙ VELOCI?
STAI SCHERZANDO, VERO?
NON POSSIAMO ANDARE PIÙ VELOCI DELLA LUCE! MAI SENTITO PARLARE DELLA TEORIA DELLA RELATIVITÀ DI EINSTEIN?
...

COSA SONO QUELLE TRE STELLE?
QUELLA È ALPHA CENTAURI, VERO? SONO LE STELLE PIÙ VICINE AL SISTEMA SOLARE.
È UN SISTEMA TRIPLO, E ALCUNI SCIENZIATI PENSANO CHE CONTENGA PIANETI CHE POTREBBERO OSPITARE ESSERI VIVENTI.
POTREBBE ESSERE IL LUOGO D'ORIGINE DI KAGUYA-HIME!
UH...
UN PIANETA CON TRE SOLI SAREBBE TREMENDO!
SAREBBE IMPOSSIBILE PROTEGGERSI DAI RAGGI ULTRAVIOLETTI!!!
CALMATEVI!
DOBBIAMO CONTINUARE A CERCARE!
PUÀ!
KA-BOOOOOOMMM!!!

Il viaggio di *Kaguya-hime*
Gioco da tavolo

Partenza

La Via Lattea

La Via Lattea è maggiormente visibile in estate, perché il suo centro si trova nella direzione del Sagittario, la costellazione estiva. La Terra si trova circa 28.000 anni-luce dal centro del disco galattico (che ha un diametro di circa 100.000 anni-luce) e quando le guardiamo a occhio nudo le stelle della Vi Lattea ci appaiono come un piccolo bagliore luminos nel cielo.

Per questo la festa delle stelle di Tanabata si tiene in estate, no?

Vuoi dire la festa in cui si ammira il cuore della galassia...

Più o meno fino al XX secolo si pensava che la galassia coincidesse con l'Universo e quindi possiamo anche dire che la festa di Tanabata nacque come una splendida circostanza per ammirare il cuore dell'Universo.

Destinazione

Il confine dell'universo?

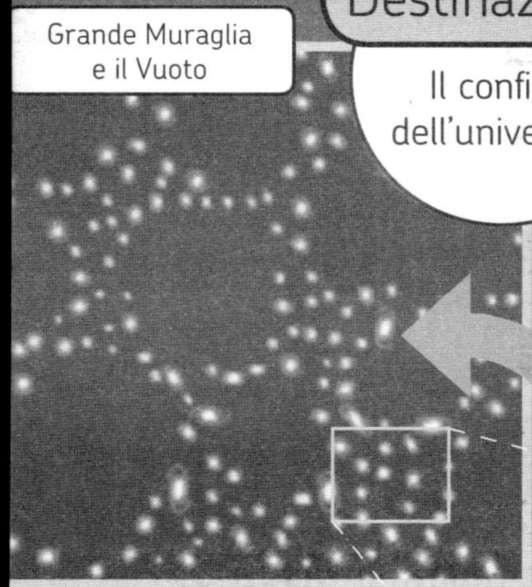

La Grande Muraglia e il Vuoto

Le galassie sono organizzate in ammassi e superammassi, ma quando esaminiamo lo spazio come un tutt'uno vediamo che le galassie sono distribuite secondo uno schema a rete. In altre parole, molte "bolle" sono raggruppate tutte insieme: la superficie delle bolle sono le galassie e l'interno è il Vuoto. Osservate dalla Terra, le galassie sembrano disposte su larga scala a formare una struttura nota come la Grande Muraglia.

Oggi si ritiene che la "maglia" formata dall'alternarsi delle galassie separate dal Vuoto sia la più grande struttura riconoscibile dell'Universo.

E per quanto andiamo lontano, la troviamo comunque dappertutto, giusto?

Superammasso Locale (Superammasso della Vergine)

n superammasso è formato da un aggregato di mmassi o gruppi di galassie e ha un diametro di oltre 00 milioni di anni-luce. In pratica, è un ammasso di ggetti celesti di grandi dimensioni. Il Superammasso a ui appartiene il nostro sistema galattico (cioè il Gruppo ocale) si chiama Superammasso Locale, detto anche uperammasso della Vergine.

Il Gruppo Locale, che contiene la Terra, si trova a circa 60 milioni di anni-luce in direzione della galassia M87, nella costellazione della Vergine, sul bordo del Superammasso della Vergine. Il diametro di quest'ultimo è di circa 200 milioni di anni-luce.

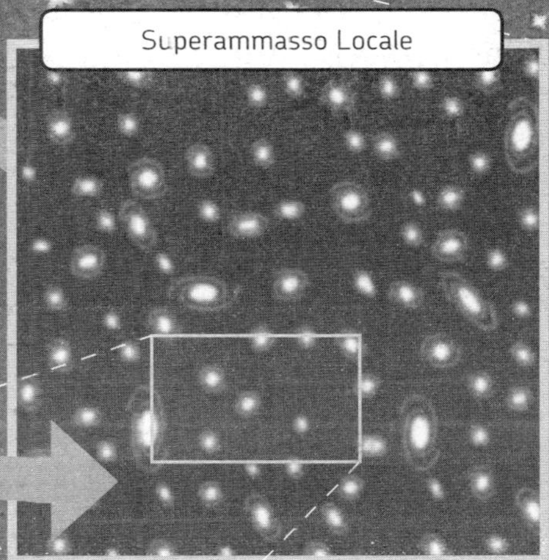

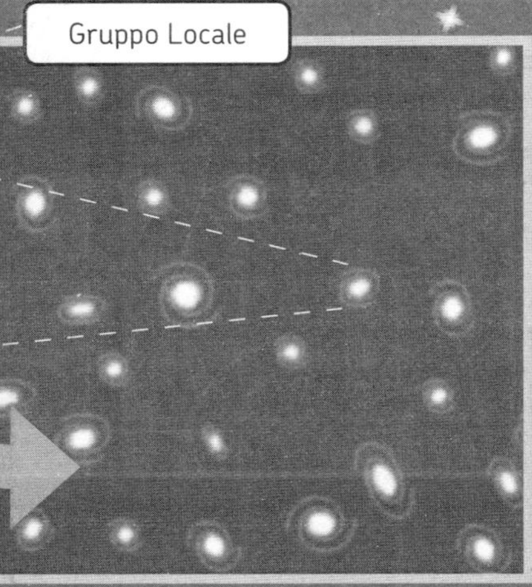

Gruppo Locale

Le galassie formano degli aggregati detti "gruppi" o "ammassi". Il gruppo a cui appartiene la nostra Via Lattea si chiama Gruppo Locale e contiene circa 40 galassie. La più grande è la Galassia di Andromeda, il cui disco ha un diametro di circa 130.000 anni-luce.

Secondo i calcoli degli scienziati, il diametro del Gruppo Locale va dai 2,4 ai 3,6 Mpc (Megaparsec).

Un parsec è la distanza da un oggetto celeste per cui la parallasse annua è di un 1 secondo. Se ricordo bene, 1 pc = circa 3,26 anni-luce... quindi il diametro va da 7,8 a 11,7 **milioni** di anni-luce!

ARRIVO AL "CONFINE" DELL'UNIVERSO
CHE COSA SUCCEDE?
È COME DOVEVA ESSERE.
MA È COSÌ STRANO...
...SE ANDIAMO AI CONFINI DELL'UNIVERSO...
...TORNIAMO AL PUNTO DI PARTENZA!
LA *KAGUYA-GO*, CHE AVEVA PRESO IL VOLO DIRETTA AI CONFINI DELL'UNIVERSO, PER QUALCHE MISTERIOSA RAGIONE È TORNATA SULLA TERRA, DA DOVE ERA PARTITA.
DOMANDIAMO A QUESTO ONESTO PAESANO COME MAI.

IL SOLILOQUIO DEL PROFESSOR SANUKI

Tutti abbiamo sentito dire che l'Universo è nato col Big Bang. Ma che cosa significa "nascere" per l'Universo?

L'Universo che conosciamo è tridimensionale e può essere rappresentato da tre assi, lunghezza, larghezza e altezza. Naturalmente, non possiamo collocarci al di fuori dei suoi limiti, nel senso che è tutto quanto conosciamo.

Uno spazio con quattro dimensioni (o anche di più!) viene chiamato *iperspazio* e, dal punto di vista dell'iperspazio, l'ordinario spazio tridimensionale è semplicemente un singolo sistema chiuso (per la cronaca, questo spazio quadrimensionale di cui sto parlando è rappresentato da quattro assi spaziali, non da tre più il tempo).

Siccome non è possibile raffigurarsi questo spazio, prendiamo in considerazione un modello bidimensionale da una prospettiva tridimensionale.

Ecco un palloncino: la sua superficie ha due dimensioni, è incurvata nello spazio e delimita una sfera tridimensionale.

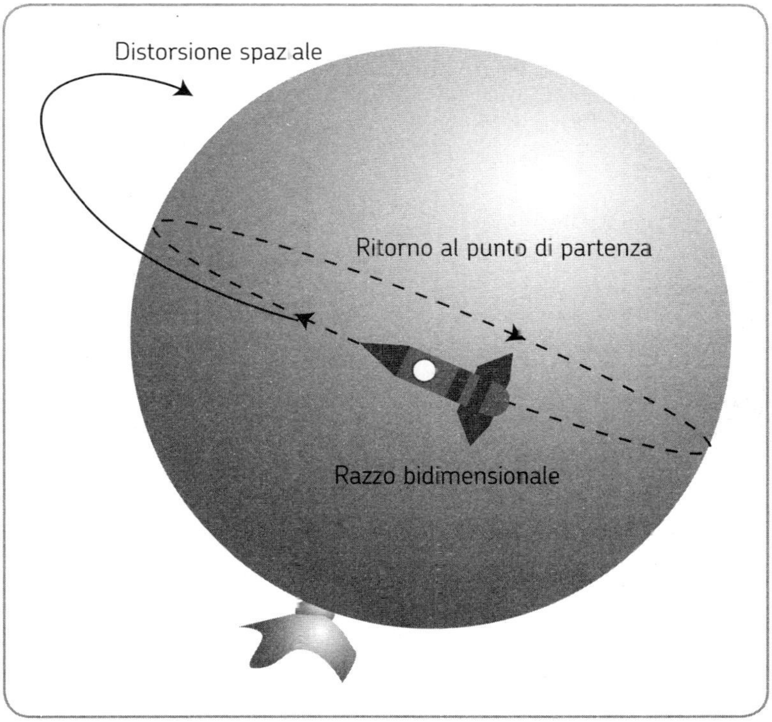

Se il razzo bidimensionale si dirige verso il "confine" del palloncino, tornerà al punto di partenza

Analogamente, lo spazio tridimensionale in cui viviamo potrebbe essere curvo in uno spazio a quattro dimensioni.

In questo senso, da un punto di vista quadrimensionale (cioè se guardiamo l'Universo a tre dimensioni da uno che ne ha quattro) un razzo semplicemente supererebbe il confine dell'Universo tridimensionale e dal suo punto di vista i confini dell'Universo sarebbero dappertutto. Per questo prima ho detto "il confine dell'Universo è qui, in questo stesso luogo."

Supponiamo che il nostro razzo abbia una specie di "motore a distorsione" che gli consenta di spostarsi entrando nello spazio quadrimensionale per poi rientrare in un altro punto di quello tridimensionale. Per chi l'osservasse sembrerebbe scomparire attraverso una "distorsione" nello spazio per poi riapparire improvvisamente altrove.

Ma qual è allora la forma dello spazio tridimensionale? Salteremo le spiegazioni più complesse, ma diciamo che matematica alla mano, dovrebbe essere uno dei tre seguenti modelli.

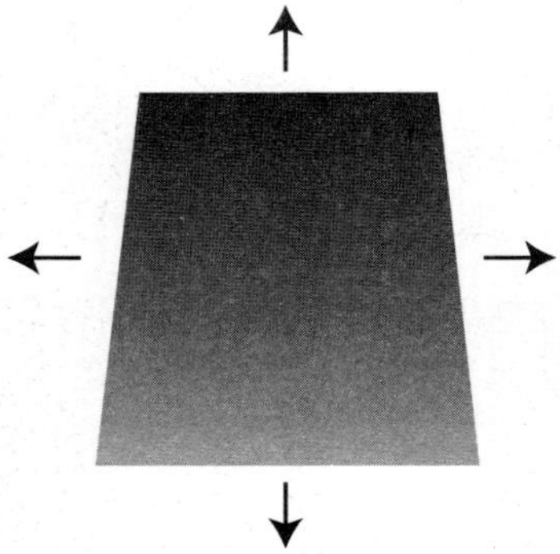

Modello 1 – Universo 2D

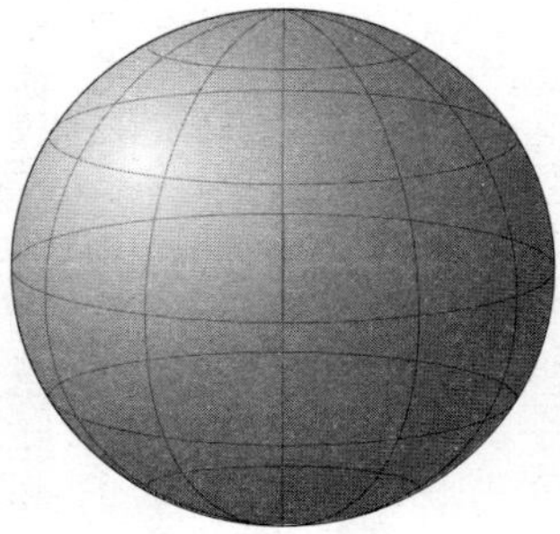

Modello 2 – Universo 2D

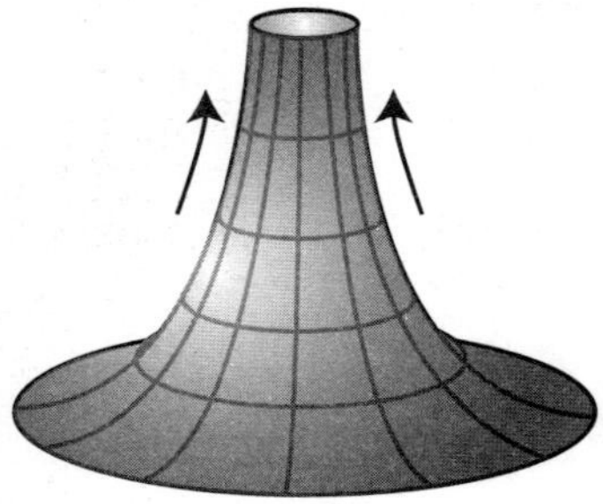

Modello 3 – Universo 2D

Nel primo modello la curvatura dello spazio è 0 e lo spazio si estende in ogni direzione. Rappresentato in due dimensioni, è un piano infinito. Anche se per poterlo disegnare in figura si vede un bordo, il piano è illimitato e muovendosi in tre dimensioni non si arriverà mai a nessun tipo di confine.

Nel secondo modello, la curvatura dello spazio è positiva e lo spazio – rappresentato in due dimensioni – è una superficie sferica analoga a quella di un mappamondo. Nel terzo modello, la curvatura è negativa e lo spazio è "a forma di sella": si curva in su e in giù.

Se prendiamo come modello dell'Universo la superficie sferica a curvatura positiva, un'astronave che viaggi in tre dimensioni diretta verso il confine dell'Universo, alla fine tornerà al punto di partenza.

L'UNIVERSO È COSÌ MISTERIOSO...
ERA LA MIA CASA... PER QUESTO HO CHIESTO AGLI ESSERI UMANI DI MEDITARNE I MISTERI IN MODO CHE LO CONOSCESSERO MEGLIO, E L'UNIVERSO CONOSCESSE LORO.
NON LE SEMBRA, MR SANUKI?
CERTAMENTE. IN QUALITÀ DI SCIENZIATO, LA MIA MISSIONE È QUELLA DI TROVARE RISPOSTE A DOMANDE COME QUESTA.
KAGUYA-HIME NON TORNÒ MAI AL SUO PIANETA E CONTINUÒ A VIVERE FELICEMENTE SULLA TERRA, DISCORRENDO DELL'UNIVERSO CON IL SAGGIO CONTADINO.
CLAP
CLAP
CLAP
CLAP
BRAVI... BRAVI!!!

IN EFFETTI, AL LICEO FACEVO TEATRO.
WOW, NON L'AVREI MAI DETTO!
CREDEVO FOSSE ISCRITTO AL CIRCOLO DI ASTRONOMIA!
HO RECITATO IN DIVERSI SPETTACOLI, COME ALICE NEL PAESE DELLE MERAVIGLIE E ANNA DAI CAPELLI ROSSI.
WOW! CHE RUOLO AVEVA, PROFESSORE?
È TARDI È TARDI È TARDI!
QUELLO PRINCIPALE, OVVIAMENTE!
OH...
...
UH?!
UNA GRANDE PERFORMANCE, PROFESSORE!!!
AVEVA MAI RECITATO PRIMA D'ORA?

5

QUESTO UNIVERSO IN COSTANTE ESPANSIONE

BONG
BONG
BONG
È ANDATA!
ALÈÈÈ!!!
CHE BELLO! NON HANNO CHIUSO IL CIRCOLO TEATRALE!
AL CONTRARIO... ADESSO UN SACCO DI GENTE VUOLE ISCRIVERSI!
OH... SIETE QUA.
COSA CI FATE NELL'EDIFICIO PRINCIPALE DEL TEMPIO?
IMITIAMO IL BUDDHA SDRAIATO.
BE', AVETE VISITE.
CHI...?

IL PROFESSORE...
CIAO A TUTTE! VOLEVO RINGRAZIARVI PER IL VOSTRO LAVORO!
VI HO PORTATO UNA TORTA.
IL PROFESSORE!
EHI!
TUTTE RINGALLUZZITE
COS'AVEVI DETTO? CHE IL PROFESSORE AVEVA BISOGNO DI QUALCOSA?!
IL GRANDE SPETTACOLO
UH?!
VUOLE CHE REPLICHIAMO LO SPETTACOLO ALL'UNIVERSITÀ?
ALCUNI COLLEGHI SONO VENUTI A VEDERLO E L'HANNO APPREZZATO MOLTISSIMO.
VORREBBERO DAVVERO CHE LO PORTASTE ALL'UNIVERSITÀ. ULTIMAMENTE NON È FACILE INTERESSARE GLI STUDENTI ALLA SCIENZA!

* IL RACCONTO DI UN TAGLIABAMBÙ

SÌ... ASSOMIGLIA MOLTO AL BIG BANG!
IN QUESTO RACCONTO, LA LUNA E LA TERRA SI TROVANO IN DUE UNIVERSI DISTINTI!..
UNIVERSI DISTINTI... ALLA FINE QUESTO È UN RACCONTO DI FANTASIA MA NELLA REALTÀ...
...COSE DEL GENERE SONO VERAMENTE POSSIBILI?
SI IPOTIZZA CHE POTREBBERO ESISTERE MOLTI UNIVERSI, E IL NOSTRO SAREBBE SOLO UNO DEI TANTI.
SI CHIAMA *TEORIA DEL MULTIVERSO*.
NON ESISTONO ANCORA PROVE SCIENTIFICHE, MA...
È UN'IDEA FORTISSIMA!
* BLOCCHETTO DEGLI APPUNTI
E POTREI ESSERE LA PRINCIPESSA DI UN UNIVERSO TUTTO MIO!

...PERCHÉ NEL MONDO DELLA LEGGENDA, O DELLA FANTASCIENZA SI PUÒ VIAGGIARE IN QUALSIASI UNIVERSO RIUSCIAMO A IMMAGINARE!
STAVOLTA NON SARÒ SOLO UN SEMPLICE ATTREZZISTA...
UH... VORRESTI FARE LA PRINCIPESSA?
NO!!!
SAREBBE UN UNIVERSO DAVVERO STRANO.
CREDO CHE A PARTIRE DA QUI POTREI SCRIVERE QUALCOSA DI MOLTO INTERESSANTE!
PROFESSORE, MI POTREBBE SPIEGARE PIÙ COSE POSSIBILE...?
MA CERTO! PARLEREMO ANCHE DELLA TEORIA DELLA RELATIVITÀ E... MOLTO ALTRO.

IL MULTIVERSO CONTIENE TANTI UNIVERSI DISTINTI

Secondo la *Teoria del multiverso*, esistono tanti universi multipli al di fuori del nostro. Secondo alcuni, il ricettacolo dell'Universo sarebbe l'*iperspazio* (cioè lo spazio dotato di dimensioni extra, oltre alle tre che percepiamo) che ospiterebbe anche altri universi. Vi sono numerose teorie diverse tra loro su come questi cosiddetti *universi paralleli* si sarebbero formati e sarebbero collegati al nostro. Come ha detto il Professore, però, non esiste alcuna prova scientifica a sostegno dell'ipotesi del multiverso e non si sa quale tipo di collegamento potrebbe sussistere tra universi distinti. Molti scienziati amano però indulgere nell'idea che l'Universo possa essere articolato in strutture più grandi dell'Universo osservabile.

Secondo il *principio cosmologico*, se guardiamo l'Universo su una scala sufficientemente grande, le caratteristiche dell'Universo sono le medesime per tutti gli osservatori: in altre parole, nell'Universo non esistono punti o luoghi privilegiati, o speciali, le stesse leggi della fisica si applicherebbero ovunque e in generale tutto avrebbe il medesimo "aspetto" da qualunque direzione lo si guardi. Se estendiamo l'interpretazione del Principio, sembrerebbe logico assumere che potrebbero esservi infiniti altri universi: l'idea che il nostro sia unico sarebbe quindi illogica. Se valesse un "super principio cosmologico", l'idea del multiverso non sarebbe poi così azzardata, ma da un punto di vista filosofico non sarebbe leggermente bizzarro pensare che altri universi debbano effettivamente esistere? Va da sé che queste ipotesi raccolgono anche una buona dose di critiche.

I CONFINI, LA NASCITA E LA FINE DELL'UNIVERSO...

La misura della deformazione dello spazio viene detta *curvatura*. Quando diciamo "spazio", intendiamo qualsiasi cosa presente nel nostro Universo: i pianeti, le stelle, i gas, le comete e persino l'energia si deformano. Nel capitolo precedente abbiamo parlato delle possibili forme dell'Universo: approfondiamo ancora un po' quest'idea riprendendo quella di *curvatura positiva*.

Se l'Universo ha curvatura positiva, un'astronave diretta verso i suoi confini che proceda costantemente "avanti" (cioè nella stessa direzione) tornerà alla fine al punto di partenza. Anche se possiamo esprimere rapidamente questo concetto dicendo che andrebbe così perché lo spazio è curvo, capire che cosa significa veramente è un po' più complicato.

PERCHÉ LO SPAZIO POTREBBE ESSERE CURVO?

La curvatura di uno spazio tridimensionale non è un fatto ovvio. Partiamo quindi da uno spazio in due dimensioni, cioè da un mondo interamente compreso su una superficie piatta, come un foglio di carta che si estende all'infinito (Figura 5.1), dove la posizione di qualsiasi oggetto può essere rappresentata da una coppia di assi coordinati.

Certamente questo non ci trasmette la sensazione dello "spazio": cerchiamo quindi di vedere in tre dimensioni il nostro modello bidimensionale, come in Figura 5.2.

Da questo punto di vista, vediamo che il piano è come un mondo piatto, simile a una lavagna. Supponiamo che abbia degli abitanti (bidimensionali, ovviamente) a cui non importerà granché se il loro mondo sia ricurvo in una terza dimensione: che il foglio sia piegato, deformato o arrotolato per loro non farà differenza perché il mondo indicato dalle coordinate x e y resterà lo stesso. Questi abitanti non si accorgeranno della deformazione dello spazio, o almeno non senza spostarsi per grandi distanze.

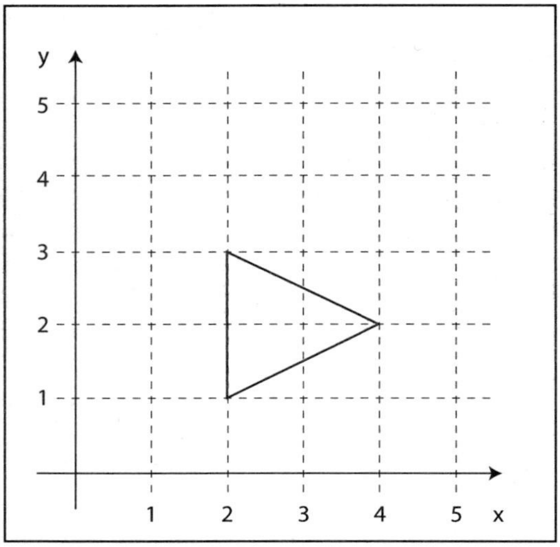

Figura 5.1 – Un semplice piano che si estende in tutte le direzioni: immaginiamo questo modello senza alcun bordo o confine.

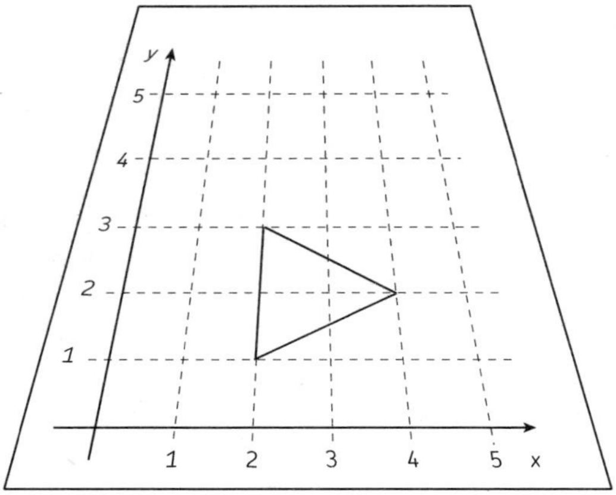

Figura 5.2 – Un piano bidimensionale visto da una prospettiva 3D.

SU UN PIANO, UN CILINDRO E UNA SFERA TORNEREMMO AL PUNTO DI PARTENZA?

Quando la curvatura dello spazio è 0 (cioè lo spazio è piatto, come il nostro foglio di carta) può essere disegnato utilizzando linee rette. Ma se la curvatura non è zero, a mano a mano che aumenta, aumenta anche la deformazione dello spazio e questo vuole dire che deve essere disegnato tracciando linee ricurve in maniera sempre più brusca.

Quando un mondo perfettamente piatto come quello rappresentato nelle figure 5.1 e 5.2 viene visto dal nostro punto di vista tridimensionale, quello che vediamo è uno spazio bidimensionale a curvatura nulla. Ma neppure il foglio di carta è sempre perfettamente piatto, o liscio: mantenere la curvatura sempre esattamente a zero potrebbe essere difficile.

Supponiamo allora che lungo l'asse delle x la curvatura non sia più zero. In Figura 5.3 il foglio è stato ripiegato lungo la direzione orizzontale: che cosa succede in questo caso?

Se lo spazio bidimensionale si estende all'infinito, ma è curvo, e in più supponiamo che la curvatura sia costante, allora si "arriccerà" ripiegandosi fino al punto di partenza, assumendo la forma cilindrica che ha in 5.3. Per la precisione, questa forma verrà assunta all'incontrarsi delle direzioni positiva e negativa delle x.

Gli abitanti non hanno idea che il loro mondo bidimensionale sia un cilindro, ma se camminano in linea retta alla ricerca del "valore" $x = \infty$, alla fine proveranno la stranissima esperienza di vedere i valori della x diventare negativi.

Inoltre, uno spazio bidimensionale ripiegato nella sola direzione delle x sarebbe un caso abbastanza particolare: se anche la curvatura nella direzione y è positiva, la forma bidimensionale che otteniamo è la sfera in Figura 5.4. Anche se la curvatura delle x non fosse necessariamente costante, quando uno spazio bidimensionale si curva costantemente in una stessa direzione, alla fine si incrocerà lungo entrambe le direzioni, formando una forma chiusa analoga a quella di una sfera.

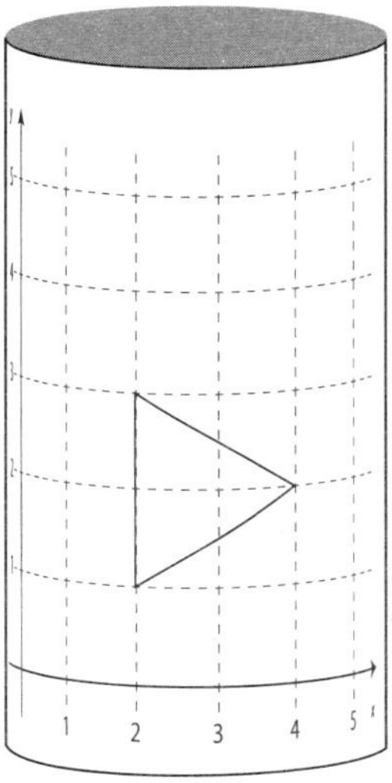

Figura 5.3 – Una curvatura positiva nella direzione delle x produce una forma cilindrica.

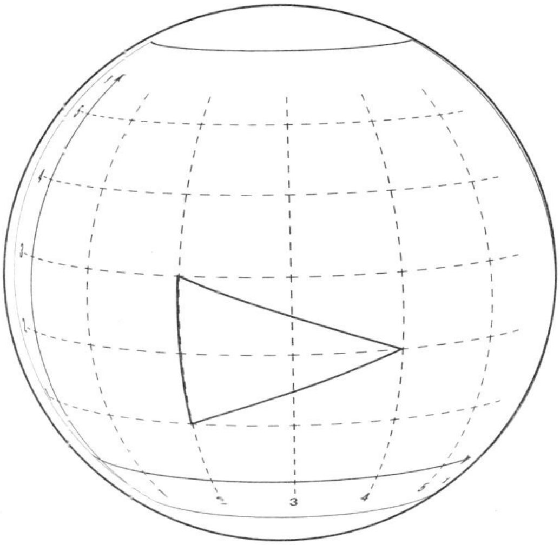

Figura 5.4 – Una curvatura positiva in entrambe le direzioni produce una forma sferica.

Possiamo estendere questa idea allo spazio tridimensionale e aspettarci situazioni analoghe. Se i tre assi *x*, *y* e *z* che abbiamo predisposto sono perfettamente rettilinei visti da una quarta dimensione, possiamo continuare a spostarci indefinitamente nell'Universo, senza mai fermarci. Se invece gli assi sono leggermente ripiegati, come nel caso del cilindro o della sfera, alla fine torneremo al punto di partenza.

CURVATURA NEGATIVA

Come abbiamo visto, è possibile avere tre tipi di curvatura: nulla, positiva e negativa. Cosa vuol dire quando questo valore (che è una misura di quanto sono deformate curve o superfici) diventa *negativo*? Per cominciare, ricordiamo i tre modelli dell'Universo 2D usati dal Professor Sanuki a pagina 210. Si trattava di una superficie sferica (curvatura positiva), un piano (curvatura nulla) e una forma che assomigliava a una sella (curvatura negativa).

Così come il nostro piano bidimensionale piatto (a curvatura nulla) non era un rettangolo con bordi e lati ben definiti, diciamo che un Universo a curvatura nulla è "una specie" di sella perché in realtà non ha un limite ma si estende all'infinito sia in verticale che in orizzontale.

Adesso tracciamo un triangolo su queste tre forme e vediamo quali sono le conseguenze che questi spazi con curvatura diversa hanno sulla geometria. Sul "piano" del modello 2 la somma degli angoli interni del triangolo è 180°, come nella normale geometria di tutti i giorni.

Ma cosa succede sulla sfera del modello 1? Qui la somma degli angoli interni del triangolo è *maggiore* di 180°. E sulla "sella" del modello 3 la somma è *inferiore* a 180°.

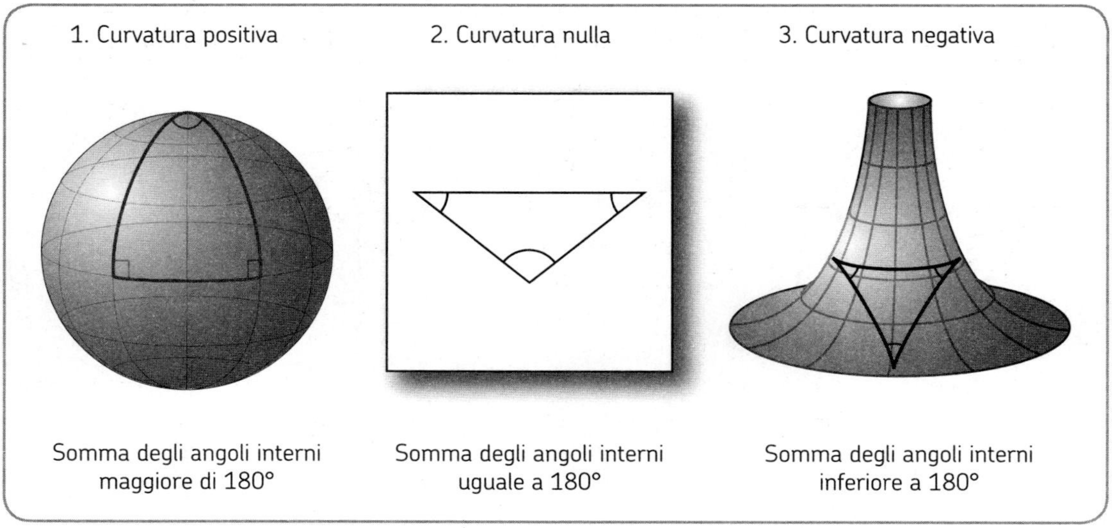

Figura 5.5 – Ciascuna rappresentazione della curvatura dell'Universo ha implicazioni diverse.

Consideriamo un triangolo con vertice nel Polo Nord della Terra e la base sull'Equatore (come quello sul modello 1, in Figura 5.5). In questo caso, gli angoli formati dalla base (l'Equatore) e i lati che la collegano al vertice (cioè i meridiani terrestri) sono angoli retti (90°). Pertanto già la somma dei due soli angoli alla base vale 180°, valore che superiamo aggiungendo l'angolo al vertice. Intuitivamente, possiamo vedere come sia vero il contrario per un triangolo disegnato su un piano con curvatura negativa, come nel modello 3.

L'UNIVERSO DINAMICO DI FRIEDMANN

Anche l'Universo tridimensionale in cui viviamo, visto da una quarta dimensione, potrebbe assumere una di queste tre forme, con curvatura positiva, nulla o negativa. I celebri modelli dell'Universo di Friedmann nascono da un'analisi di questo tipo.

L'astronomo russo (1888-1925) aveva ipotizzato un Universo dinamico, continuamente soggetto a forze che ne causano l'espansione o la contrazione, analizzando i casi in cui la curvatura di questo spazio dinamico fosse stata positiva, nulla o negativa. Le conseguenze della diversa curvatura sono modellate in tre dimensioni in Figura 5.6. Ogni lettera "*S*" sulle superfici dei modelli rappresenta una galassia.

In Figura 5.7 vediamo le previsioni di Friedmann su quello che accadrà nei tre modelli nel corso del tempo. L'asse delle *y* rappresenta la distanza media tra galassie nell'Universo, mentre quello delle *x* rappresenta il tempo trascorso. Un fattore 1 sull'asse delle *y* indica l'attuale distanza tra le galassie, mentre un fattore 2 che la distanza è raddoppiata.

Normalmente, gli astronomi non fanno riferimento a una particolare curvatura dello spazio, ma alla sua geometria complessiva. Un Universo con curvatura positiva, come una sfera, viene chiamato *Universo chiuso*: in un Universo chiuso, viaggiando in linea retta, il percorso diventerebbe un anello, una curva chiusa, e si tornerebbe al punto di partenza.

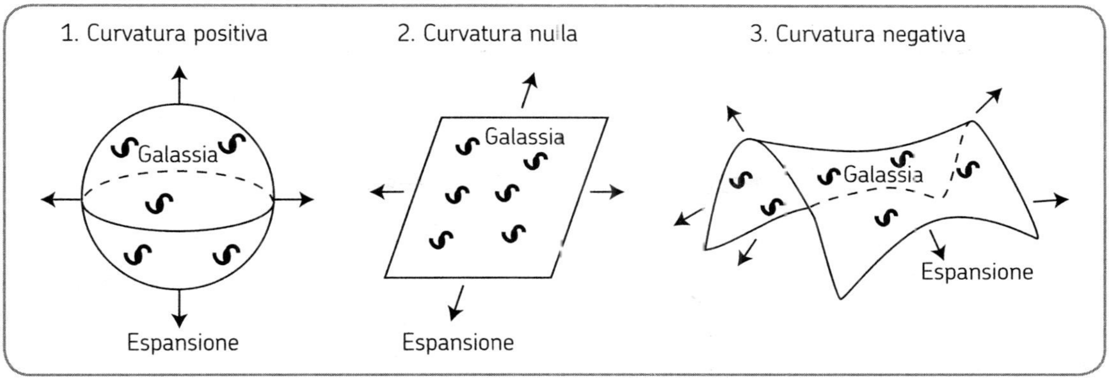

Figura 5.6 – I modelli dell'Universo di Friedmann; la "S" di ciascun modello rappresenta le galassie.

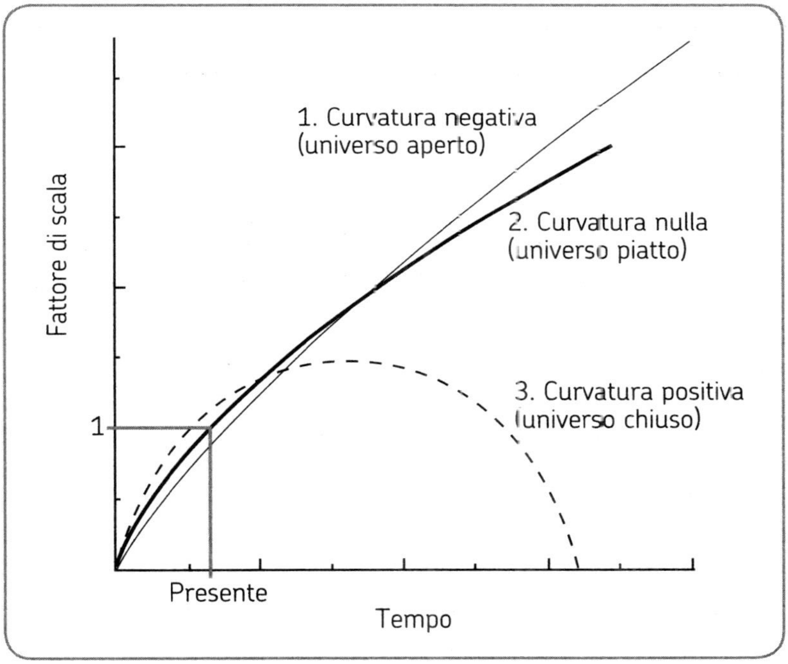

Figura 5.7 – Per i suoi tre modelli, Friedmann aveva previsto un cambiamento nel corso del tempo.

Come vediamo in Figura 5.7, un Universo chiuso alla fine collasserebbe su se stesso. Un Universo con curvatura negativa viene detto *Universo aperto* e un Universo con curvatura nulla *Universo piatto*. La figura illustra anche le previsioni di Friedmann: un Universo con curvatura negativa o nulla rallenterebbe il tasso di espansione nel corso del tempo, pur continuando a espandersi per sempre.

Riassumendo, lo spazio può essere curvo in tre modi diversi a seconda del grado di curvatura (positiva, nulla o negativa) e dai tre tipi di curvatura derivano tre diversi modelli di Universo: chiuso, piatto o aperto.

MA L'UNIVERSO È VERAMENTE DINAMICO?

Abbiamo visto che Hubble dedusse che l'Universo si stava espandendo dopo avere scoperto lo spostamento verso il rosso, confermando la teoria di Friedmann dopo la sua morte. Alla base delle teorie di Friedmann c'erano i lavori di Albert Einstein (1879-1955), che però era convinto che l'Universo fosse stativo e immutabile, non in espansione. In breve: prese una grossa cantonata.

Secondo la Teoria della Relatività Generale, pubblicata da Einstein nel 1915, l'attrazione gravitazionale è la manifestazione della deformazione dello spazio provocata dalla presenza di massa. Secondo questa teoria, la gravità è quindi intrinseca allo spazio in sé e non una mutua attrazione tra oggetti materiali come nella fisica newtoniana.

Secondo Newton, i corpi dotati di massa si attraggono tra di loro (v. Figura 5.8). Da un punto di vista einsteiniano, le masse dei corpi producono delle rientranze nello spazio (come vediamo in Figura 5.9).

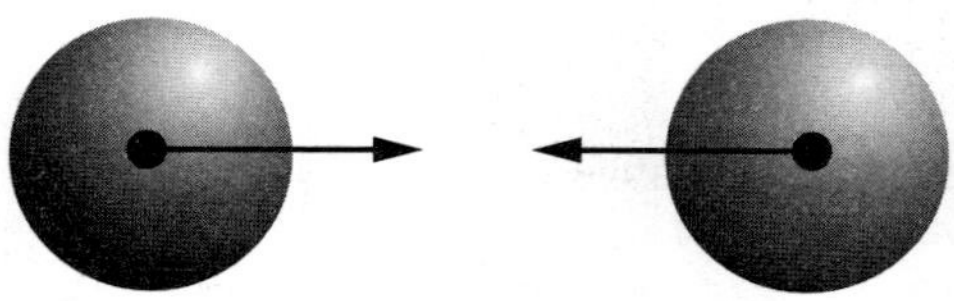

Figura 5.8 – La gravità secondo Newton

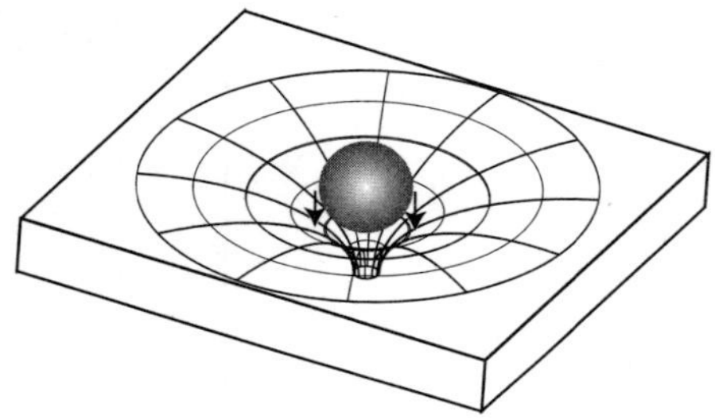

Figura 5.9 – Secondo Einstein, la gravità è una deformazione dello spazio

Anche questo nuovo punto di vista sulla gravità non spiegava la forma attuale dell'Universo, e perché era quella: se la gravità è indotta dalla materia, nel corso del tempo l'Universo dovrebbe semplicemente contrarsi (anche se all'inizio fosse statico).

Al contrario, Newton immaginava che l'Universo si estendesse all'infinito, senza alcuna contrazione, perché i vari corpi sono separati da grandi distanze. Molti dubitavano persino che l'Universo potesse essere conservato in un equilibrio talmente precario. I calcoli evidenziavano che questo "equilibrio" non era stabile e che se vi fosse stato un luogo (come per esempio le stelle) in cui la materia fosse anche solo poco più concentrata che nelle zone circostanti, la materia avrebbe iniziato a concentrarvisi sempre di più.

Einstein ipotizzò quindi che, oltre alla forza di attrazione tra la materia, esistesse anche una forza repulsiva (v. Figura 5.10): la staticità dello spazio si spiegherebbe col bilanciamento tra la gravità e questa seconda forza, che si sarebbero neutralizzate a vicenda. Fu questa la sua conclusione, intorno al 1915.

Poi, però, i cosmologi cominciarono a rendersi conto che l'equilibrio dell'Universo statico di Einstein, come quello di Newton, sarebbe stato estremamente instabile e sarebbe bastata una piccola concentrazione nella densità di materia a rendere dinamico l'Universo, che molto rapidamente avrebbe ricominciato a contrarsi e a espandersi. l'avrebbe reso dinamico. Questo ha portato al modello cosmologico di cui parleremo ora.

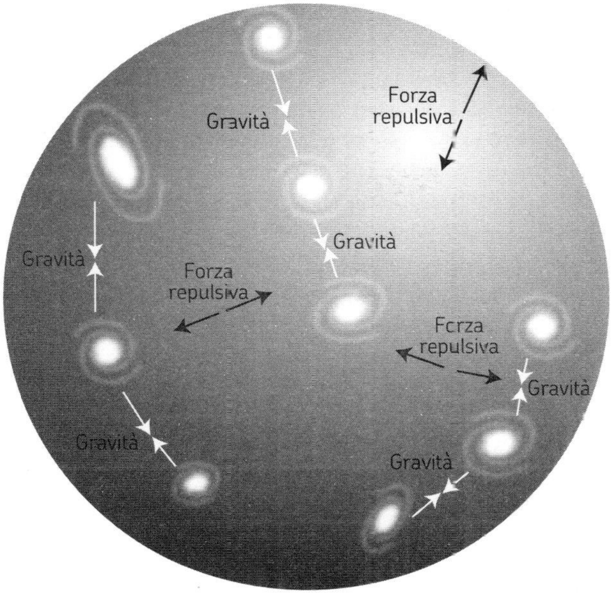

Figura 5.10 – La proposta di Einstein per un Universo statico: la gravità in equilibrio con una misteriosa forza repulsiva.

PIÙ EINSTEIN DI EINSTEIN

All'inizio, le equazioni introdotte da Einstein (le *equazioni del campo gravitazionale*) con la Teoria della Relatività Generale non comprendevano nulla che rappresentasse questa forza repulsiva. Seguendo però la linea di ragionamento che abbiamo esposto, Einstein si rese conto che le forze gravitazionali avrebbero condotto l'Universo al collasso e che, per mantenere l'Universo nella condizione di staticità e immutabilità di cui era convinto, non poteva fare a meno di aggiungere un termine, che oggi chiamiamo *costante cosmologica*. Il suo ruolo è proprio quello di rappresentare l'effetto stabilizzatore della forza repulsiva necessaria a impedire il collasso o l'espansione dell'Universo.

Questa forza era un'idea del tutto ipotetica nella mente di Einstein, e non c'era alcun motivo per cui non potesse semplicemente essere eliminata: se si credeva in un Universo in espansione o in contrazione la costante cosmologica non era necessaria.

Friedmann derivò allora tre soluzioni corrispondenti ai tre modelli di Universo in Figura 5.7. Se la massa complessiva della materia esistente nell'Universo è insufficiente, la gravità perderà il tiro alla fune con l'inerzia dell'espansione e l'Universo continuerà stabilmente a espandersi. Se la massa è sufficiente, l'Universo si contrarrà. Se per puro caso la quantità di massa avesse un valore intermedio compatibile, l'espansione continuerebbe, ma a una velocità sempre minore.

Anche se inizialmente Einstein aveva negato la possibilità che l'Universo si stesse espandendo, riconobbe in seguito di essersi sbagliato e considerò l'aggiunta della costante cosmologica il più grande errore della sua vita.

MATERIA OSCURA

Secondo la Teoria della Relatività Generale di Einstein, la massa induce una curvatura nello spazio circostante. Una delle conseguenze è che una massa può deviare la luce che transita nei suoi pressi, alterandone la traiettoria. Questo fu dimostrato sperimentalmente nel 1919 osservando le stelle attorno al Sole durante un'eclisse totale: osservarono infatti che le stelle erano "fuori posto" e questo era dovuto al fatto che la loro luce veniva deviata dalla forza di gravità del Sole. Einstein andò ancora oltre, osservando che la luce poteva essere deviata a tal punto attorno a un qualche oggetto astronomico da fare vedere a un osservatore un'immagine multipla (ripetuta) della stessa sorgente luminosa: queste "lenti gravitazionali" devierebbero la luce esattamente come farebbero quelle convenzionali. Il risultato è che giungono fino a noi fotoni che non erano diretti verso la Terra, componendosi in immagini multiple della sorgente originale. L'astronomo Fritz Zwicky ha teorizzato che questo potrebbe accadere con ammassi di galassie a fungere da lenti, un'idea che è stata confermata nel 1979, dopo la sua morte.

Con l'aiuto delle lenti gravitazionali possiamo calcolare la massa degli ammassi di galassie e la sua distribuzione, perché entrambe influenzano le modalità di deviazione della luce e quindi quale immagine vediamo formarsi. Svolti i calcoli, gli astronomi hanno scoperto con loro grande stupore che la massa all'origine dell'effetto-lente, e quindi del campo gravitazionale che lo genera, era molto maggiore di quella di gas, polveri e stelle presenti nelle galassie. Era quindi chiaro che la maggior parte di questa massa in eccesso non si trovava neppure all'interno delle galassie stesse, ma distribuita negli spazi vuoti che le separano, dove non c'era alcuna traccia di corpi o formazioni. Questa misteriosa materia, che non emette e non assorbe la luce, è completamente invisibile e viene quindi chiamata *materia oscura*.

Questo risolse anche un altro problema con cui gli astronomi erano alle prese alla fine degli anni Sessanta, e cioè la velocità con cui le stelle orbitavano attorno al centro delle galassie a spirale. I modelli standard costruiti attorno alla massa della materia visibile presente nella galassia indicavano che le stelle più lontane dal centro dovevano orbitare più lentamente di quelle più vicine. In realtà, le stelle ruotavano attorno al centro della galassia a una velocità pressoché costante, quasi indipendentemente dalla loro distanza, e questo implicava che le galassie fossero avvolte in un "alone" di questa materia invisibile.

Secondo alcuni fisici, la materia oscura è costituita da particelle diverse da quelle che compongono la materia ordinaria. Quest'ultima viene detta materia *barionica* ed è composta dai protoni e dai neutroni di cui sono fatti la Terra, il Sole e le stelle. Secondo i calcoli, il 28% dell'universo sarebbe costituito da materia (di qualunque tipo), ma quando gli astronomi hanno sommato le masse complessive di tutta la materia barionica hanno scoperto che questa raggiunge appena il 4,6%. Questo significa che la materia oscura costituisce il restante 23%. Si pensa che sia composta di particelle non barioniche dette *WIMP* (*Weakly Interacting Massive Particle*, cioè "particelle dotate di massa che interagiscono debolmente") e sono stati fatti diversi tentativi di identificarle e di capirne la natura. Finché non ci riusciremo, la materia oscura resterà uno dei più grandi e importanti misteri di tutta l'astronomia.

L'ERRORE DI EINSTEIN È ANCORA VALIDO

Era per Einstein un grave imbarazzo non riuscire a confutare la teoria dell'espansione cosmica, ma alla fine ritirò la costante cosmologica, togliendola dalle sue equazioni di campo.

Fino agli anni Novanta, il modello standard dell'Universo prevedeva la nascita col Big Bang e quindi una rapida espansione, e si pensava che sarebbe proseguita finché la gravità non l'avesse rallentata e quindi invertita, con una successiva contrazione dell'Universo fino al collasso in un Buco Nero super massiccio. Uno scenario chiamato *Big Crunch*.

Ma nel corso degli anni Ottanta e Novanta, le osservazioni della radiazione cosmica di fondo e delle supernove di tipo Ia in galassie molto lontane (cioè molto giovani, formatesi poco dopo il Big Bang) evidenziarono come non solo l'Universo si stesse espandendo, ma anche che l'espansione fosse in accelerazione! Questo andava contro l'assunto largamente accettato che l'espansione stesse rallentando: per spiegare questa espansione sempre più rapida era necessaria una qualche sorgente di energia e aveva assolutamente senso tornare a inserire la costante cosmologica di Einstein nelle equazioni della Relatività Generale.

Se le osservazioni erano corrette, il più grande errore di Einstein poteva diventare l'avere rigettato la sua stessa costante cosmologica e questo renderebbe la sua affermazione assolutamente necessaria un segno ancora più grande del suo genio.

IL MISTERO DELL'ENERGIA OSCURA

Qual è la causa dell'espansione sempre più rapida dell'Universo? È possibile che sia corretta l'idea di Einstein di una costante cosmologica, a rappresentare una qualche forza repulsiva di intensità costante. Una delle ipotesi sulla natura di questa forza è che il vuoto stesso dello spazio sia dotato di un'energia che produce l'accelerazione. Gli astronomi la chiamano *energia oscura* e potrebbe essere identificata (anche se non necessariamente) con l'energia rappresentata dalla costante cosmologica (di solito indicata con la lettera greca lambda: Λ).

Osservare le supernova più lontane è come tornare indietro nel tempo e gli astronomi hanno scoperto che l'Universo si starebbe comportando secondo le previsioni dei modelli nella Figura 5.7. In ciascun modello la gravità delle galassie rallenta l'espansione nelle prime fasi della sua vita. Questo accade perché le galassie sono vicine tra loro e l'attrazione gravitazionale che esercitano reciprocamente è molto forte. Questo impedisce loro di allontanarsi troppo, rallentando quindi l'espansione dell'Universo: in altre parole, nell'Universo primordiale, l'attrazione tra le galassie era così forte che anche se l'energia oscura cercava di separarle non riusciva ad avere completamente la meglio contro la forza di gravità. Alla fine però le galassie si separarono e l'attrazione gravitazionale si indebolì abbastanza da fare prevalere l'energia oscura, che cominciò a separarle sempre di più, espandendo l'Universo a una velocità sempre maggiore.

QUAL È IL DESTINO DELL'UNIVERSO?

L'Universo ci appare in costante e dinamico cambiamento: che cosa possiamo dire di quello che diventerà tra molto tempo? Per prima cosa, dovremmo sapere in quale tipo di Universo viviamo, perché da questo dipenderà il suo destino finale.

Prenderemo in considerazione *il modello Friedmann-Lemaître-Robertson-Walker (FLRW)*, che integra la teoria dell'astrofisico Georges Lemaître (1894-1966), uno dei sostenitori dell'espansione dell'Universo, con i tre modelli di Friedmann che abbiamo già esaminato. Prima però ci serve qualche nozione in più.

La storia per certi versi è semplice: il destino dell'Universo dipende dalla curvatura dello spazio e la curvatura è proporzionale alla densità media ρ_m di materia nell'Universo.

Il valore della densità media necessaria ad arrestare l'espansione, in un qualche istante nel futuro, viene chiamata *densità critica*, ρ_c. Per stabilire la curvatura dello spazio si usa l'equazione $\Omega_M = \rho_m / \rho_c$ cioè il rapporto tra la densità media e la densità critica, invece della sola ρ_m. Il simbolo che tradizionalmente rappresenta questo rapporto tra densità di masse è la lettera greca Omega. Questa relazione ci dice che se ρ_m è maggiore della densità critica ρ_c allora $\Omega_M > 1$ e la curvatura dello spazio è positiva; se le due densità sono uguali o molto simili, allora Ω_M sarà molto vicino a 1 e la curvatura sarà 0; infine, se la densità media è minore di quella critica, allora $\Omega_M < 1$ e la curvatura sarà negativa.

Usando queste convenzioni, e chiamando "*k*" la curvatura dello spazio, possiamo prevedere uno degli scenari seguenti, corrispondenti ai tre modelli della Figura 5.7.

- Per $\Omega_M > 1$ avremo un Universo chiuso con una superficie curva a curvatura positiva (e porremo convenzionalmente $k=+1$), analoga a quella di una sfera (v. modello *a* in Figura 5.11). $\Omega_M > 1$ significa che nell'Universo c'è una quantità di materia superiore a quella necessaria per arrestarne l'espansione; in effetti, ce n'è abbastanza per invertirla! La forza d'attrazione della gravità alla fine farà collassare tutto nel Big Crunch.

- Per $\Omega_M = 1$ avremo un Universo piatto a curvatura nulla (e porremo convenzionalmente $k=0$), analogo a quello statico di Einstein. L'Universo inizia con un Big Bang e si espande per sempre, rallentando fino a tendere a una certa dimensione ben definita col tempo che tende all'infinito (v. modello *b* in Figura 5.11).

- Se $\Omega_M < 1$ avremo un Universo aperto a curvatura negativa (e porremo convenzionalmente $k=-1$), simile a quella di una sella (v. modello *c* in Figura 5.11). Questo Universo continuerà a espandersi per sempre con una velocità che andrà diminuendo molto lentamente. Alla fine, si espanderà a tal punto che diventerà troppo freddo per ospitare la vita, fino quasi allo zero assoluto (0 gradi Kelvin).

- Il caso $\Omega_M = 0$ rappresenterebbe un Universo privo di materia e completamente vuoto (v. modello *d* in Figura 5.11). In questo caso, l'Universo si espanderebbe a una velocità costante perché non sarebbe rallentato dalla gravità. Naturalmente, nella realtà non è questo il caso e questo modello non rappresenta l'Universo in cui ci troviamo.

In realtà nessuno dei quattro modelli *a-d* in Figura 5.11 corrisponde alle osservazioni effettuate nel nostro Universo. Questo perché non tengono conto dell'energia oscura, la misteriosa energia che sta accelerando l'espansione dell'Universo.

Le equazioni FLRW possono essere semplificate in questo modo:

$$\Omega = \Omega_M + \Omega_\Lambda$$

Ω_M è ancora il rapporto tra la densità media della materia (comprendente tutta la materia barionica ordinaria, di cui sono composte stelle e galassie, e la materia non barionica come quella oscura) e la densità critica necessaria per arrestare l'espansione dell'Universo di Friedmann. Ω_Λ è il rapporto tra la densità media di energia e la densità critica. Ω_Λ comprende la costante cosmologica Λ, cioè l'energia oscura da cui dipende l'accelerazione dell'espansione dell'Universo.

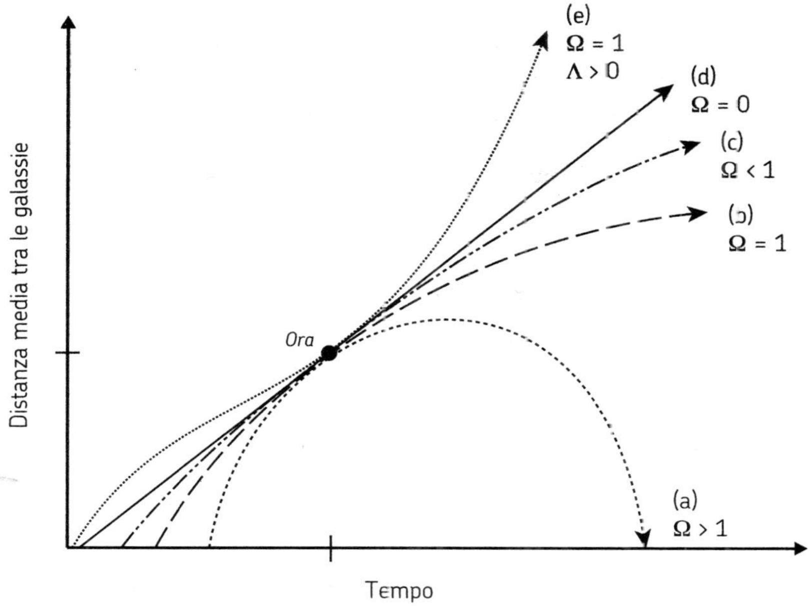

Figura 5.11 – Come i modelli di Universo Friedmann-Lemaître-Robertson-Walker sono cambiati nel tempo.

La somma Ω di Ω_M e Ω_Λ è il *parametro di densità dell'Universo* ed è il valore da cui dipende effettivamente la curvatura dello spazio. I modelli da *a* a *d* in Figura 5.11 illustrano le conseguenze dei diversi valori di Ω_M, ma non comprendono gli effetti dell'energia oscura, Ω_Λ è 0 e Ω_M è uguale a Ω. Il grafico che ne tiene conto è il modello *e* sempre in Figura 5.11: rappresenta un Universo aperto che nasce dal Big Bang e che, dopo una decelerazione dovuta alla gravità, come negli universi di Friedmann, inizia l'espansione dovuta all'accelerazione prodotta dalla costante cosmologica. Continua poi a espandersi per un tempo infinito (v. Figura 5.12 per una cronologia completa).

Oggi sappiamo che nel caso del nostro Universo $\Omega = 1$, cioè è piatto. Ma come facciamo a saperlo e come mai non assomiglia al modello *b*, l'Universo piatto con una velocità di espansione che decresce lentamente?

WMAP E IL NOSTRO UNIVERSO PIATTO

La maggior parte dei dati con cui verifichiamo la curvatura dell'Universo proviene da immagini e altri informazioni raccolte dalla sonda *Wilkinson Microwave Anisotropy Probe*, detta anche *WMAP*. WMAP ha misurato differenze nella temperatura del cielo (v. Figura 5.13), attraverso la radiazione cosmica di fondo (v. Capitolo 3). Per quasi 400.000 anni dopo il Big Bang l'intero Universo è stato come un'opaca, densa nebbia da fotoni e barioni. A un certo punto, la nebbia si raffreddò abbastanza da permettere la formazione degli atomi, rendendo così la nebbia trasparente, nel senso che la luce visibile poteva attraversarla. La radiazione di fondo che osserviamo oggi è composta di fotoni dell'Universo primordiale, sebbene abbiano uno spostamento verso il rosso, dallo spettro del visibile alle microonde. In accordo col Principio Cosmologico, secondo cui nell'Universo

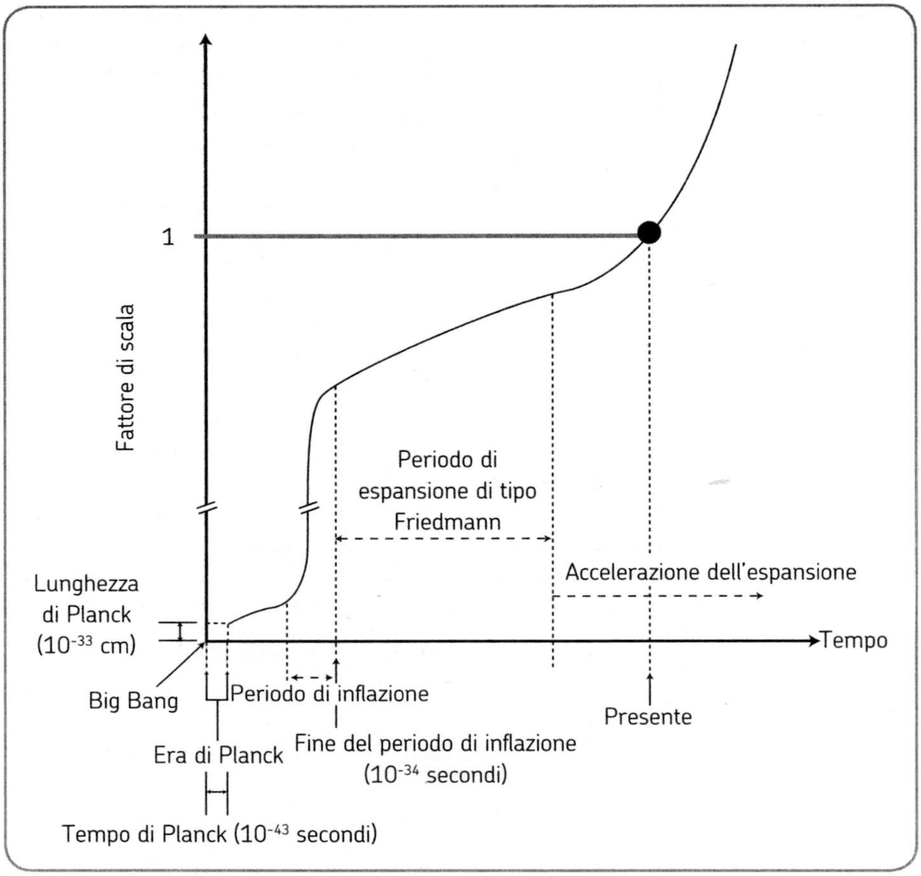

Figura 5.12 – Una cronologia di un Universo sostanzialmente piatto.

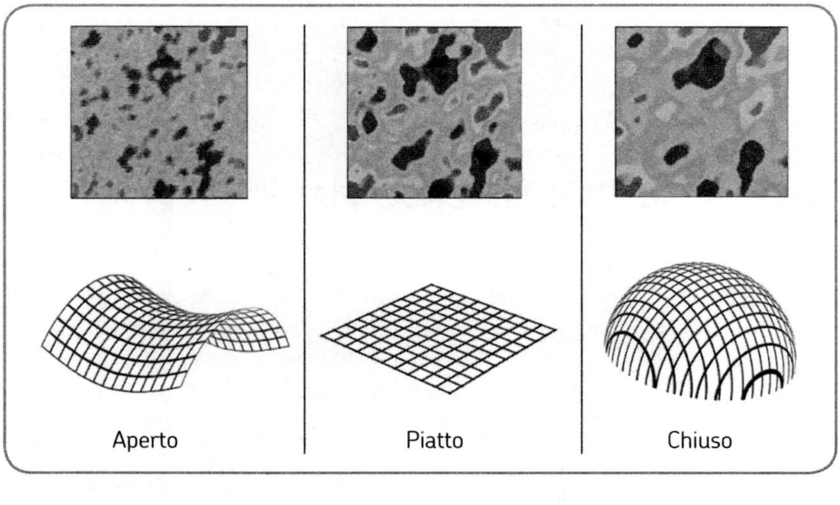

Figura 5.13 – Le variazioni di tonalità nelle rilevazioni di WMAP rappresentano la variazione di temperatura nell'Universo. Le osservazioni di WMAP sono compatibili con un Universo piatto.

non esistono punti privilegiati, la radiazione di fondo mostra l'omogeneità dell'Universo: la temperatura è di 2,7525 gradi Kelvin in tutte le direzioni, con una differenza di soli 0,003 Kelvin tra le aree più calde e quelle più fredde del cielo, e WMAP è riuscita a mostrarci quelle differenze pressoché impercettibili di temperatura. Analizzando quelle differenze gli scienziati sono riusciti a ricavare ogni tipo di informazione, compreso il motivo per cui la curvatura dell'Universo è così piccola. Prima di WMAP e delle misure di alta precisione della radiazione di fondo, gli astronomi erano limitati dal *problema dell'orizzonte*. Osservando un corpo celeste con un telescopio ricaviamo informazioni sull'Universo da luce emessa, per esempio, decine di migliaia o centinaia di milioni di anni fa (a seconda della distanza in anni-luce dalla Terra). La velocità della luce produce un orizzonte nell'osservazione dell'Universo, del tutto analogo a quello che rileviamo quando cerchiamo di osservare degli oggetti sulla faccia della Terra.

La radiazione di fondo è uniforme in tutto il cielo osservabile e da questo punto di vista ogni angolo del cielo è identico a ogni altro e quindi indistinguibile. L'unico modo in cui due regioni dello spazio che oggi si trovano separate da grandi distanze possano avere condizioni fisiche quasi identiche è che siano state abbastanza vicine per un periodo di tempo sufficientemente lungo per scambiarsi energia (come luce, calore, etc.) e livellare le differenze. Secondo la Teoria della Relatività, l'energia non può essere trasmessa a una velocità superiore a quella della luce e questo pone un problema, perché diventa impossibile che due punti nel cielo separati da un angolo superiore a 1 grado siano mai stati in contatto, poiché la luce da ciascuno dei due non può avere raggiunto l'altro. Non c'è quindi stato modo perché l'energia potesse trasmettersi e livellarsi. Si dice che quelle due regioni sono ciascuna al di là dell'orizzonte dell'altra. Com'è quindi possibile che in quelle aree (e in qualsiasi altra regione del cielo, del resto) la radiazione cosmica di fondo sia omogenea?

Per rimediare a questo problema, la Teoria del Big Bang è stata modificata nel modo seguente. Immediatamente dopo il Big Bang l'Universo era un grumo denso di plasma di fotoni e barioni soggetto a ogni sorta di fluttuazioni quantistiche casuali. Poi iniziò a espandersi rapidamente nel corso di un processo detto di *inflazione*. All'inizio il suo diametro era 1.012 volte più piccolo di quello di un protone, poi improvvisamente esplose a circa 1 metro. La teoria dell'inflazione corregge il problema dell'orizzonte della teoria originale affermando sostanzialmente che prima dell'inflazione l'Universo era sufficientemente piccolo da permettere a ogni sua parte di essere in contatto con ogni altra e in grado di livellare in questo modo le differenze di energia e le caratteristiche fisiche. Nel corso dell'inflazione, l'improvvisa espansione dello spazio congelò queste caratteristiche in ogni punto e livellò le differenze di temperatura.

Quelle che leggiamo nella radiazione di fondo sono dovute a fluttuazioni quantistiche casuali della densità che si verificavano in quella nebbia di plasma densa e calda che nel corso dell'inflazione si ingrandì fino a dimensioni astronomiche. Mentre l'Universo si raffreddava, la gravità di quelle aree più dense iniziò ad attrarre materia, che ne aumentò ulteriormente la densità e l'attrazione gravitazionale, attraendo di conseguenza sempre più materia. Si raggrupparono masse di gas e si formarono le stelle, che formarono galassie, che a loro volta si raccolsero in ammassi e questi ultimi in superammassi, muraglie e filamenti galattici. In questo modo, le microscopiche e casuali fluttuazioni quantistiche del minuscolo Universo primordiale produssero le più grandi strutture dell'Universo.

Ma come può aiutarci la radiazione di fondo nel determinare la curvatura dell'universo? Secondo la teoria, le aree con la maggiore differenza di temperatura, osservate dalla Terra, avrebbero tipicamente un'ampiezza di 1 grado. Queste aree sono state create da onde "sonore" (cioè di pressione) che si propagavano attraverso il gas caldo nell'Universo primordiale, a una determinata velocità (quella del suono nel gas stesso) e per un determinato periodo (circa 400.000 anni). La distanza percorsa da queste onde è calcolabile come *velocità x tempo* quindi sappiamo quanto dovrebbero essere estese. La luce di queste zone proviene dal bordo del nostro orizzonte luminoso e dovremmo quindi essere in grado di osservare l'effetto che la curvatura dello spazio ha su di essa.

Sappiamo già che diverse curvature dello spazio inducono trasformazioni nella geometria di un triangolo (v. Figura 5.5). Su una superficie piatta le rette parallele restano parallele, i lati di un triangolo sono segmenti di retta e la somma degli angoli interni è 180°. Su una superficie (sferica) le parallele convergono, i lati di un triangolo si curvano verso l'esterno e la somma dei suoi angoli interni è superiore a 180°. Su una superficie aperta (a forma di sella) le parallele divergono, i lati di un triangolo si curvano verso l'interno e la somma dei suoi angoli interni è inferiore a 180°.

Ora, immaginiamo che uno dei lati del triangolo sia una delle regioni di massima fluttuazione della temperatura della radiazione di fondo, e che noi la stiamo osservando dal vertice opposto del triangolo: la curvatura dell'Universo altererà gli angoli del triangolo. Se l'Universo è piatto ($\Omega = 1$) l'immagine ci apparirà normalmente e l'area avrà un'ampiezza di 1 grado. In un Universo chiuso ($\Omega > 1$) la luce proveniente dall'area verrebbe deviata verso l'esterno, ingrandendo l'immagine e facendo apparire l'area sotto un angolo di 1,5°. In un Universo aperto ($\Omega < 1$) la luce verrebbe deviata verso l'interno, riducendo l'immagine e facendo apparire l'area sotto un angolo di 0,5°. Bene: secondo quanto misurato da WMAP l'Universo sarebbe in effetti piatto.

Se quindi $\Omega = 1$, siamo in grado di stabilire quanta energia oscura è presente nell'Universo. Misurazioni precedenti mostrano che approssimativamente $\Omega_M = 0{,}30$, cioè l'Universo sarebbe composto di materia al 30%. Questa percentuale comprende il 5% di materia barionica ordinaria e il restante 25% di materia oscura. Per il restante Ω_Λ abbiamo quindi $\Omega_\Lambda = 1-0{,}30 = 0{,}70$: l'energia oscura ammonterebbe quindi al 70% dell'Universo. Stime successive hanno reso più precisa questa stima e oggi accettiamo il valore $\Omega_\Lambda = 0{,}72$.

Poiché solo il 5% della densità totale di massa-energia dell'Universo è costituito dalla materia barionica ordinaria, il 95% dell'Universo è composto da "oggetti" e "sostanze" che semplicemente non conosciamo.

NOTA *Secondo gli scienziati, se il tasso di espansione continuerà ad accelerare ci ritroveremo alla fine in quello che viene chiamato* Universo di de Sitter, *in cui tutto è stato diluito a tal punto che non esisterà più la materia come la conosciamo oggi. Non vi saranno pianeti, stelle e neppure particelle isolate. Resterà soltanto la costante cosmologica.*

LA VERA ETÀ DELL'UNIVERSO

Ora dovremmo avere un'idea un po' più precisa di come è fatto il nostro Universo e di come cambia nel tempo: è sostanzialmente piatto e si sta espandendo. Per capire ancora meglio la sua natura dovremmo però sapere quanto è vecchio.

Abbiamo parlato spesso e a lungo del Big Bang, ma quando si è verificato? L'età stimata dell'Universo (cioè il tempo trascorso dopo il Big Bang) è oggi di 13,8 miliardi di anni. Questo numero rappresenta una stima ricavata dal confronto tra i modelli teorici e le osservazioni della radiazione di fondo. È possibile confermare questo numero anche con altre considerazioni. Per esempio, sembrerebbe ragionevole dire che l'età dell'Universo è l'età della cosa più vecchia che vi si trova. Nel 2009 la missione Swift Gamma-Ray Burst Mission ha osservato un'esplosione di raggi gamma di 13 miliardi di anni fa! Corrispondeva al collasso in un buco nero di una stella con una massa approssimativamente di 200 volte il nostro Sole, in seguito all'esaurimento del combustibile. Morendo ha prodotto una *ipernova*, un'esplosione con un'energia equivalente a oltre 100 volte quella di un'ordinaria supernova.

Questa esplosione si è verificata solo 600 milioni di anni dopo il Big Bang, il che ci dice che quella stella ha avuto una vita di soli 500 milioni di anni, rispetto ai circa 10 miliardi di anni che rappresentano la vita attesa del nostro Sole.

In questo modo, i fatti che già sappiamo ci permettono di formulare congetture su cose di cui non possiamo avere esperienza diretta, elaborando e sviluppando teorie a mano a mano che emergono nuovi risultati sperimentali e osservazioni. È così che opera la scienza.

Del nostro Universo ancora non sappiamo molte cose e non solo per quello che riguarda la sua natura fisica. Certo, dal punto di vista fisico possiamo descriverlo come possiamo descrivere una persona, ma gli esseri umani non si esauriscono nella loro descrizione fisica e molti piccoli dettagli rendono ciascuno di noi un individuo unico e diverso da qualunque altro. Per esempio, non siamo assolutamente in grado di sapere che cosa pensa una persona diversa da noi, ma questo non ci impedisce di vivere le nostre vite, di avere degli amici e di innamorarci di persone che non siamo in grado di capire veramente. Allo stesso modo, non cesseremo mai di essere affascinati dall'Universo: dalla nostra meravigliosa Luna alle infinite possibilità del Multiverso. E continueremo a osservare, esplorare e a formulare ipotesi, alla ricerca di una maggiore comprensione.

INDICE

GLI AUTORI

Kenji Ishikawa è un giornalista scientifico nato a Tokyo nel 1958. Dopo la laurea in Scienze presso la *Tokyo University of Science* ha lavorato come giornalista per un settimanale ed è poi diventato un editor e un autore professionista. Nel corso degli ultimi 20 anni ha scritto romanzi e testi di divulgazione tecnologica per il grande pubblico, intervistando scienziati e ricercatori. Si è occupato di elettromagnetismo, aviazione, astronomia, materiali, chimica, informatica, comunicazioni, robotica ed energia.

Kiyoshi Kawabata è nato nella Prefettura di Mie nel 1940 ed è Professore Emerito di Fisica presso la *Tokyo University of Science*. Si è laureato nel 1964 e mentre lavorava al suo Dottorato, studiava negli Stati Uniti, dove nel 1973 ha conseguito il PhD presso la *Penn State University*, oltre a laureasi in Astrofisica presso la *Kyoto University*. Nel 1981 è stato ricercatore presso la *Columbia University*, lavorando poi per circa otto anni per il *Goddard Institute* della NASA. Nel 1982 ha cominciato l'attività di insegnamento presso il Dipartimento di Fisica della *Tokyo University of Science*, dove è diventato professore nel 1990. È specializzato in Astrofisica, e in particolare in Cosmologia osservativa e nella teoria del trasferimento radiativo.

"MA PERCHÉ NON LI HANNO PUBBLICATI QUANDO STUDIAVO IO?"

(THE SAN FRANCISCO EXAMINER)

"L'APPROCCIO GRAFICO È COSÌ APPASSIONANTE E LA STORIA COSÌ GRADEVOLE CHE RACCOMANDO A QUALSIASI INSEGNANTE DI UN PRIMO CORSO DI FISICA, SIA ALLE SUPERIORI SIA ALL'UNIVERSITÀ, DI PRENDERLO IN CONSIDERAZIONE."

AMERICAN JOURNAL OF PHYSICS

"STIMOLANTE PER LA PROSSIMA GENERAZIONE DI SCIENZIATI."

SCIENTIFIC COMPUTING

"LA GRAFICA È INCANTEVOLE E LO HUMOUR AVVINCENTE. UNA LEZIONE DIVERTENTE E QUASI INDOLORE SU UN ARGOMENTO CHE MOLTI CONSIDERANO NON PROPRIO APPASSIONANTE."

SCHOOL LIBRARY JOURNAL

"CHE NON SAPPIATE NIENTE DI DATABASE O NE SIATE DEI VERI ESPERTI, DOVETE PROCURARVI SCIENTIFIC MANGA DATABASE. SUL SERIO: LO DOVETE AVERE."

JOSH BERKUS, POSTGRESQL CORE TEAM

"È COSÌ CHE DOVREBBE ESSERE UN BUON TESTO DI MATEMATICA. A DIFFERENZA DELLA MAGGIOR PARTE DEI LIBRI SU ARGOMENTI COME LA STATISTICA, SCIENTIFIC MANGA STATISTICA NON SI LIMITA A PRESENTARE IL MATERIALE IN UN'ARIDA SERIE DI FORMULE APPARENTEMENTE SENZA SENSO. PRESENTA LA STATISTICA COME UNA COSA DIVERTENTE E ILLUMINANTE."

GOOD MATH, BAD MATH

"SCIENTIFIC MANGA ELETTROMAGNETISMO RENDE ACCESSIBILE UN ARGOMENTO CHE PUÒ INTIMIDIRE, DIVERTENDO IL LETTORE E INSEGNANDO ALLO STESSO TEMPO."

GEEKDAD, WIRED.COM

"CONSIGLIATISSIMA."

CHOICE MAGAZINE

"SCIENTIFIC MANGA DATABASE È IL LIBRO TECNICO PIÙ GODIBILE CHE IO ABBIA MAI LETTO."

RIKKI KITE, LINUX PRO MAGAZINE